[illegible]HISIQUES
[illegible] LA RAISON,
ET DES PASSIONS
[illegible]ES HOMMES

[illegible]

A PARIS,
[illegible]

PRINCIPES PHISIQUES DE LA RAISON, ET DES PASSIONS DES HOMMES.

Il se vend du même Auteur M. MAUBEC, chez le même Libraire le Traité des Tumeurs & des Obstructions. *Nouvelle Edition. Volume in 12.* 30. *f*

A MONSIEUR

BOUDIN,

CONSEILLER D'ETAT,

ET

PREMIER MEDECIN

DE MONSEIGNEUR.

ONSIEUR,

Je ne sçai quel sera le sort de cet ouvrage, le deßein en est difficile & nouveau. J'entreprens de découvrir les causes physiques des mouvemens de l'esprit & du cœur de l'homme: les ressorts qui les font agir ont toûjours paru impenetrables. La force de la verité & l'évidense des observations m'obligent d'établir certains principes. & ces principes sont directement opposez à ceux des plus illustres Philosophes de notre siecle. Ce sont autant de raisons pour exciter la critique, & j'en aurois tout à craindre dans un siecle moins éclairé que le nôtre.

Je ne laisse pourtant pas, Monsieur, de vous l'offrir avec quelque confiance, parce que je suis persuadé que vous avez de la bonté pour moy, que vous ne pensez pas comme le commun des hommes, & que j'y trouve une occasion de vous donner une marque publique de ma parfaite reconnoissance: l'amour propre meme y a peut-être un peu de part. Il est, Monsieur, de mon interêt qu'on soit persuadé que vous m'honorez de votre bienveillance; elle m'est infiniment glorieuse, & par la place que vous occupez, & par la capacité avec laquelle vous la remplissez.

Vous ne la devez cette place ni à une fortune aveugle, ni à une faveur injustement prevenuë, votre seul merite vous y a élevé.

Formé dés l'enfance par ce grand homme que toute l'Europe regarde comme un prodige de science & d'érudition, vous avez appris avec une facilité qui n'a peut-être point d'exemple ce que nous serions trop heureux de découvrir aprés un grand nombre d'années, de travail & d'étude. Un genie mediocre iroit loin avec un pareil secours. Que ne devoit-on pas attendre de vous? de ce discernement délicat, de cet esprit juste, de ce genie grand & élevé que vous devez à la nature. Tant de qualitez rassemblées dans un seul sujet donnoient des grandes esperances. Le succez a surpassé l'attente du public; il vous a attiré l'estime du plus grand des Rois, qui n'a pas crû pouvoir remettre en de meilleures mains l'esperance de la France: ce Prince qui doit un jour faire la felicité de nos enfans.

J'oserai même dire que malgré la malignité naturelle du cœur humain personne n'a regardé votre élevation avec des yeux jaloux; on s'est toujours fait un plaisir de reconnoître en vous cette superiorité de merite que vous seul semblez ignorer. Genereux, bienfaisant, affable, modeste attentif à distinguer le merite & à le proteger, vous avez trouvé le secret de desarmer l'envie, & de faire publier par tous vos grands talens & vos rares vertus.

Je n'entreprendrai pas, Monsieur, de de les décrire. Le choix de sa Majesté, la capacité & la fidelité avec laquelle vous conservez le precieux dépôt qui vous a été confié, font bien mieux votre éloge que je ne pourrois faire quand j'aurois même toute l'éloquence que je n'ay pas. Je me contente donc de vous presenter ce Traité comme une marque de la veneration que j'ay pour vous. S'il a besoin de protection il n'en sçauroit avoir une plus sûre que la vôtre; l'autorité de votre nom le fera recevoir favorablement du public.

D'ailleurs je ne serois pas content de moi-même, si je ne lui faisois connoître le profond respect avec lequel je suis,

MONSIEUR,

Vôtre tres-humble, & tres obeïssant serviteur.
MAUBEC.

TABLE DES CHAPITRES

Des Principes Physiques de la Raison & des Passions des hommes.

FIN.

PRINCIPES PHISIQUES DE LA RAISON, ET DES PASSIONS DES HOMMES.

CHAPITRE PREMIER.

Plan & dessein de l'Ouvrage.

DE tous les ouvrages de la nature, celui qui me paroît le plus admirable, & qui à mon gré marque mieux la sagesse & la puiſſance infinie de ſon auteur, c'eſt l'homme. Ce n'eſt pourtant pas ce nombre preſque infini de reſſorts dont ſon corps eſt compoſé, ce n'eſt pas la diverſité des fluides qui roulent dans ſes parties, ce n'eſt pas non plus l'ordre avec lequel tant de parties, dont la ſtructure, & dont les fonctions ſont ſi differentes, concourent toutes à s'entretenir & à ſe conſerver mutuellement, que j'admimire davantage. La varieté de ſes penſées & les divers mouvemens dont ſon eſprit & ſon cœur ſont ſans ceſſe agitez, me paroiſſent bien plus dignes de notre attention.

En effet il eſt tantôt triſte, & tantôt plein de joie, quelquefois colere, ſouvent doux & tranquille; li aime, il haït, il craint, il eſpere, il deſire ce qu'il a mépriſé, & il mépriſe dans peu ce qu'il a recherché avec empreſſement; il ſe ſouvient du paſſé, il connoît le preſent, il porte ſes vûës dans l'avenir, enfin il n'eſt rien dont il ne juge, & qu'il ne ſoumette à ſes décisions; il eſt capable de décider les queſtions les plus obſcures, de penetrer les veritez les plus cachées; & ſouvent il tombe dans des erreurs extravagantes & ridicules.

Mais autant que ces effets ſont admirables, autant la cauſe qui les produit paroît-elle cachée: je tâcherai pourtant de la découvrir; & pour la déveloper avec moins de peine, je prendrai les choſes dans leur ſource. Je conſidererai de quelle maniere un enfant qui ne fait que de naître eſt frappé par les objets qui l'environnent, de quelle maniere il apprend à les connoître & à en juger. J'examinerai avec ſoin comment la memoire, l'imagination, & les paſſions ſe forment, & comment celles cy ſe fortifient à meſure que les connoiſſances augmentent. Je découvrirai la source de la varieté des jugemens des hommes & de l'inconstance de leurs desirs. En un mot, je tâcherai de déveloper les principes de leurs connoissances & de leurs passions, & je ferai voir que ces principes sont purement mecaniques; c'est à dire, que les inclinations de la volonté & les pensées de l'entendement sont des suites naturelles de la disposition des organes du corps.

Chapitre II.

L'on expose les raisons qu'on a eu d'écrire sur cette matiere, & l'on en décrit les usages par rapport à la Medecine.

LA Medecine est une science si difficile & si étenduë, elle est si utile lorsqu'elle est exercée avec la prudence & les lumieres que l'art demande, & elle est si dangereuse & si pernicieuse lorsqu'on la fait temerairement, & en aveugle, qu'il est bien juste que ceux qui s'y appliquent, s'y appliquent uniquement, & qu'ils ne perdent pas leur temps à des études vagues & étrangeres à leur profession.

Ainsi si la matiere de ce traité étoit étrangere à la Medecine, je me condamnerois moi-même, & je croirois avoir perdu le temps que j'ay employé à l'éclaircir. Mais je n'ai rien à me reprocher là-dessus, & deux raisons également convainquantes m'ont determiné à l'entreprendre.

La premiere, c'est que la Medecine est une science pratique, où l'on ne fait presque point de faute legere, où l'on ne sçauroit prendre de precautions trop exactes pour ne pas s'égarer, où par consequent il est absolument necessaire de distinguer la verité de l'erreur, & de connoître la voie qu'il faut tenir pour la trouver : & j'ai crû que le moyen le plus ſûr pour y reuſſir, c'étoit de ſuivre la nature, & d'obſerver exactement les principes & les progrez de nos connoiſſances & de nos paſſions, afin d'établir ſur les obſervations des regles qui ne fuſſent pas ſujettes à l'illuſion & à l'erreur : ce que je craindrois de faire ſi je me hâtois de ſuivre les premieres lueurs qui brilleroient à mes yeux ſans conſulter l'experience.

La ſeconde raiſon que j'ai eu de m'appliquer à cette matiere, c'eſt qu'elle a des rapports eſſentiels avec les principales parties de la Medecine ; comme il paroîtra par l'abregé que je vais faire des connoiſſances qui ſont abſolument neceſſaires à un Medecin.

On peut les reduire à trois principales. 1. la connoiſſance de l'homme dans ſon état naturel. 2. la connoiſſance des maladies. 3. la connoissance des remedes & l'art de les appliquer.

Ce sont trois qualitez essentielles à un Medecin ; & si elles sont courtes dans les paroles, elles sont fort étenduës dans le sens.

La connoissance de l'homme ne renferme pas seulement une idée claire, & distincte de la structure des parties solides du corps humain, de leurs arrangemens & de leurs usages : cela suffit veritablement pour operer sur les parties exterieures, parce qu'il ne s'agit pour lors que de faire ses operations d'une maniere également adroite & prudente, sans blesser les parties qui sont necessaires à la vie, ou à l'usage des membres ; mais cela ne suffit point lorsqu'il s'agit de traiter les maladies internes : car comme elles sont causées par l'alteration, & le dereglement des humeurs, il est visible qu'il est absolument necessaire de connoître la nature de ces humeurs, & les alterations naturelles qu'elles souffrent. Il faut donc qu'un Medecin connoisse la nature & les mouvemens du sang & des humeurs qui s'en separent, qu'il se forme une idée juste & precise des alterations qu'elles souffrent depuis que le fœtus commence à se former & à se nourrir dans le ventre de sa mere, jusqu'à ce que parvenu à une extrême vieillesse, il meurt dans la crepitude. Il est visible, dis-je, que cela est absolument necessaire, puisque c'est inutilement qu'on s'applique à racommoder une machine dérangée, si l'on ne connoît pas la scituation, & l'arrangement naturel des ressorts dont elle est composée.

Ce n'est pourtant que le premier pas vers la Medecine, & l'on peut être tres-habile Anatomiste, & tres-mauvais Medecin.

La seconde chose qu'il est absolument necessaire de connoître, c'eſt les maladies ; mais c'eſt un examen tres-difficile, & dans lequel il eſt aiſé de s'égarer.

Quelques-uns s'étudient uniquement à en chercher la définition & à forger des hypotheſes pour expliquer les accidens qui les accompagnent ; c'eſt pour cela qu'ils y rêvent en particulier: mais comme ils ne conſiderent point qu'il eſt impoſſible de trouver la veritable cauſe d'une maladie cachée, ſi l'on n'en examine avec attention le commencement, le progrez & tous les accidens qui ont accoutûmé de la ſuivre, ils s'arrêtent aux premieres lueurs qui frapent leur eſprit, ils s'y attachent, & ne ſongent plus qu'à conformer les obſervations de la nature aux phantômes de leur imagination ; au lieu qu'on ne doit fonder ſes explications que ſur les obſervations de la nature.

Ainſi il n'eſt pas ſurprenant qu'ils s'égarent, & que les chimetes qu'ils enfantent ſemblables à ces rêves qui nous amuſent pendant la nuit, s'évanouïſſent dés que le jour commence à paroître.

Elles croulent bientôt ſur leurs fondemens, parce qu'elles n'en ont point de ſolides, & dés qu'on les examine avec attention, on en reconnoît l'illuſion & l'erreur.

C'eſt pour cela que ceux qui en ſont les auteurs ne les propoſent qu'en tremblant, & avec quelque eſpece de doute. Ils commencent ordinairement leurs diſcours par les termes : cela ſe peut expliquer ainſi ; on comprend que cela ſe peut faire de telle maniere.

Fauſſe & dangereuſe modeſtie, puiſqu'elle ne ſert qu'à introduire le pirroniſme dans une ſcience où l'on a beſoin d'un fondement ſtable pour appliquer les remedes avec connoiſſance de cauſe, & avec ſuccez.

Langage nuiſible & pernicieux,

parce que ceux qui ont accoûtumé de s'en servir, ne cherchent point la verité, & ne sondent point les secrets de la nature, parce qu'ils supposent qu'il est impossible de les découvrir. Or il est visible que toutes ces notions vagues & incertaines ne sont d'aucun usage dans la pratique : car que peut-on conclure de solide, lorsqu'on raisonne sur des suppositions chimeriques ; ainsi l'on fait des raisonnemens à perte de vûë, & l'on agit en empirique.

Comme cet égarement est sensible, & que le public n'aime plus à se repaître de viandes creuses & chimeriques; on commence à prendre une route opposée, & la plûpart protestent qu'ils se sont attachez aux observations. (s'ils disent vray ou faux, c'est ce que nous n'examinerons point icy) Mais comme il étoit fatal aux hommes de n'éviter un précipice que pour se precipiter dans l'autre ; il en est parmi eux qui ne cherchent que des observations rares & extraordinaires de ces monstres, qui ne paroissent qu'une fois dans un siecle. Ils écrivent à Londres, à Stocholm, à Constantinople pour en trouver; & si par hazard ils reussissent dans leur recherche, ils s'empressent d'en faire part au public, comme s'il leur étoit fort obligé de s'être donnez du mouvement pour une chose qui ne peut être d'aucun usage.

Les observations que nous devons chercher, ne sont pas de cette nature; c'est à ces maladies qui sont aussi ordinaires, qu'elles sont dangereuses qu'il faut s'attacher; c'est de celles-là dont il faut examiner le commencement, le progrez, & la fin avec attention, observer comment les accidens qui les accompagnent se succedent les uns aux autres, se faire une habitude de distinguer ceux qui sont salutaires d'avec ceux qui sont pernicieux, examiner les diverses voies par lesquelles les maladies se terminent pour aider la nature lors que l'évenement doit être favorable, & s'opposer à la pente de la maladie lors qu'il doit être funeste.

C'est proprement en cela que consiste l'habileté d'un Medecin, c'est par là qu'il peut faire des pronostiques justes & se conduire avec sûreté dans la curation des malades qu'il traite. Sans cela il est impossible qu'il n'agisse à tatons: s'il reüssit, c'est par hazard; & souvent d'un leger accident qui n'auroit pas de suitte & qui gueriroit sans le secours des remedes, il en fait une maladie dangereuse & mortelle.

Mais ces lumieres sont aussi difficiles à acquerir qu'elles sont utiles & necessaires. Hypocrate a dit autrefois que bien des gens se mêloient de faire la medecine, mais qu'il y en avoit fort peu de

Medecins. Ce qui étoit vrai pour lors, l'eſt peut être encore aujourd'hui : car quoi qu'on en diſe, la pratique de la Medecine eſt pour le moins auſſi épineuſe que la theorie, rien n'eſt plus facile que d'ordonner une ſeignée, ou une priſe d'émetique ; mais rien n'eſt de ſi difficile que de le faire à propos.

La troiſiéme qualité eſſentielle à un Medecin, c'eſt la connoiſſance des remedes. Celle-cy ſeroit d'une étendue immenſe ſi l'on vouloit s'appliquer à connoître tous ceux qu'on peut employer pour la gueriſon des maladies : car il eſt certain que de tous les corps qui nous environnent qui ſont cachez dans les entrailles de la terre, ou qui paroiſſent ſur ſa ſurface, il n'en eſt preſque point qui ne puiſſent être d'uſage, & dont on ne puiſſe faire d'excellentes preparations. Mais comme l'eſprit des hommes eſt borné, & qu'il eſt impoſſible qu'il experimente tout ce qui peut servir de remede dans la nature, & que ce n'est pourtant que par des experiences reiterées qu'on peut s'assurer de l'effet des remedes, il est de la prudence de s'arrêter à ceux qui sont connus; parce qu'il est toujoûrs dangereux d'en hazarder de nouveaux lorsque l'action en peut être violente: & parmi ceux-la il faut autant qu'on le peut s'attacher à ceux qui sont specifiques pour les maladies qu'on traite.

Mais j'ose dire encore ici que la connoissance des remedes n'est pas la partie la plus essentielle à un Medecin: celle qui lui est la plus necessaire c'est une connoissance exacte des maladies. Il faut en connoître le mouvement & la pente pour discerner les remedes qu'il faut employer, & le temps de les mettre en usage. Sans cela on ne peut que tomber dans des fautes grossieres, toujours pernicieuses au malade: car plus le remede est actif, plus les effets en sont prompts, lorsqu'il est apliqué par une main habile; d'autant plus est-il meurtrier lorsqu'il est employé sans precaution & sans lumiere.

Au reste ce que j'en dis icy n'est pas pour desabuser le public, je n'ai garde d'avoir cette pensée: je sçai qu'il sera toujours la duppe de ceux qui sçauront l'éblouïr par des promesses magnifiques, & qu'il ne prendra jamais garde à la maniere dont ils s'en acquittent.

Je ne pretens pas non plus traiter à fond cette matiere: elle est assez étenduë, pour être le sujet d'un volume assez gros: & les reflexions que j'ai faites ne sont presque rien en comparaison de celles qu'on peut y ajoûter. Mais elles suffisent pour faire voir que je ne me suis point écarté des bornes de ma profession dans cet ouvrage, puisque la matiere que j'y traite est une partie considerable du traité

traité de l'homme, qui eſt abſolument neceſſaire à un Medecin : car il eſt impoſſible de connoître au juſte les cauſes des maladies, & de les traiter avec ſuccés, ſi l'on ne connoît l'homme dans ſon état naturel.

On a beau faire des reflexions ſur ce qui frape les ſens à l'aſpect d'un malade, ou ſur les obſervations que nos anciens nous ont laiſſées ; lorſqu'on ne connoît point la pente & les mouvemens de la nature, on eſt toûjours dans le doute, on ne peut fixer ſon attention.

CHAPITRE III.

De l'eſprit de l'homme. Que ſon eſſence ne conſiſte pas dans la penſée actuelle, comme Deſcartes le pretend.

APRE'S avoir expoſé le plan & le deſſein de cet ouvrage, & les raisons qui nous ont engagé à l'entreprendre, l'ordre demande que nous nous arrêtions quelque tems à considerer l'esprit de l'homme, & les organes du corps, c'est-à-dire, le cerveau & les nerfs qui se repandent dans les parties. Nous considererons l'esprit, parce qu'il est le principe de nos connoissances & de nos passions, qui sont le sujet de ce traité; & nous parlerons des organes, parce que c'est par l'ébranlement des nerfs & par celui des fibres du cerveau que se forment les connoissances de notre esprit & les mouvemens de notre cœur; comme nous ferons voir dans la suite: nous éviterons par là l'obscurité & les redites, dans lesquelles nous tomberions infailliblement, si nous negligions cet ordre.

Il est certain que c'est l'esprit de l'homme qui pense. La matiere est incapable de penser: elle est étenduë, elle est divisible, elle est figurée, elle est capable de mouvement & de repos; mais elle n'a point de raport avec la pensée: elle ne peut pas par consequent en être le principe. Ainsi puisque nous pensons que nous n'en pouvons pas douter: car c'est la chose du monde qui nous est la plus sensible, la plus claire. Il faut necessairement avoüer que le corps auquel l'esprit est uni, & que nous apperçevons par les sens, n'est qu'une partie de l'homme, & qu'il est dans nous une autre substance d'une nature entierement differente, qui est la source & le principe de nos pensées.

Jusques là tout est clair, & sensible, mais si je veux aprofondir quelle est la nature & l'essence de ce principe qui pense, je ne trouve qu'obscurité & que tenebres.

Je sçai que l'esprit sent, qu'il connoît, qu'il veut, qu'il doute, qu'il aime, qu'il haït, en un mot, les effets & les productions de l'esprit me ſont ſenſibles ; mais lors que je le cherche lui même , & que je veux le penetrer , il diſparoît il ſe cache, il m'eſt impoſſible de le trouver, & j'avoüe de bonne foi que mes lumieres ſont trop foibles pour perçer les nuages qui le couvrent. J'en cherche donc ailleurs ; je conſulte les anciens , & les nouveaux Philoſophes ; & je trouve que parmi les premiers les uns s'expliquent ſi obſcurément , qu'il eſt impoſſible de comprendre ce qu'ils veulent dire ; & que les autres nous diſent des abſurditez ſi ſenſibles, que la lumiere naturelle découvre ſans peine l'extravagance de leurs opinions.

J'examine enſuite les nouveaux, & je trouve d'abord qu'ils s'expriquent d'une maniere tres nette & tres intelligible. J'entre ſans peine dans leurs raiſonnemens ; il ne reſte donc qu'à examiner s'ils ſont convainquans & ſolides. Deſcartes qui en eſt le chef, nous fait obſerver dans la premiere de ses meditations que nous avons été souvent trompez, & que nous reconnoissons tous les jours la fausseté de plusieurs opinions que nous avons crû tres constantes & tres veritables; & que par consequent pour agir seurement dans la recherche de la verité, il faut nous défaire de tous nos préjugez, revoquer en doute tout ce que nous avons crû jusques ici, & chercher un point fixe & immobile sur lequel nous puissions apuyer tous les raisonnemens que nous ferons dans la suite.

C'est ce point fixe & immobile qu'il prétend avoir trouvé dans la seconde de ses meditations, où il dit que quoi que nous puissions douter de tout ce que nos sens nous representent, & de tout ce qui paroît de plus evident à l'esprit, il y a du moins une chose dont nous sommes infiniment certains, c'est de notre existence. Car, dit-il, c'est une necessité que je sois toutes les fois que je dis ou que je pense que je suis. C'est une proposition qu'il étend & qu'il repete plusieurs fois en termes differens ; mais il faut avoüer aussi qu'il ne nous apprend rien des nouveau, & que personne s'est encore avisé de douter qu'il ne fût quelque chose.

Il poursuit, il cherche quel il est, & quelle est la nature de son esprit. Il prouve fort-bien qu'il n'est point une matiere déliée & subtile, semblable à l'air, au vent, ou à la flamme, &c. Enfin au milieu d'une recherche laborieuse il trouve que de tout ce qu'il avoit attribué à l'esprit, la seule idée qui lui convienne, & dont il ne peut se défaire sans le perdre de veuë, c'est la pensée: d'où il conclud que l'essence de son esprit consiste dans „ la pensée. Je suis, dit-il, j'existe, „ cela est certain; pendant combien de temps ? pendant que je „ pense. Ainsi il pourroit peut être „ arriver que si je cessois de penser

„ je ceſſerois d'être. Je ne ſuppoſe
„ rien qui ne ſoit neceſſairement
„ veritable : je ſuis un eſprit, une
„ intelligence, une raiſon, &c.

Tout paroit ſe ſuivre, tout paroit conforme dans ce raiſonnement. Mais oſerai-je le dire, malgré l'apparence de verité dont il eſt revêtu, il me ſemble que Deſcartes n'éclaircit point la difficulté, qu'il ſuppoſe ce qui eſt en queſtion, & que ſes pretenduës démonſtrations n'ont rien de ſolide.

Il veut prouver que l'eſſence de l'ame conſiſte dans la penſée; pour cela il examine ce qu'il en connoît, il trouve qu'il ne connoît de l'ame que la penſée : en quoi il a ſans doute raiſon, puiſque la penſée eſt la ſeule choſe qu'on peut attribuer à l'eſprit, & qu'elle ne convient qu'à lui ſeul.

Mais ce n'eſt pas là la difficulté, elle conſiſte à prouver que la penſée n'eſt pas une ſimple operation de l'eſprit, comme on l'avoit toûjours crû, mais que c'est l'esprit même, & que c'est en cela que consiste son essence.

Cependant c'est ce que Descartes ne prouve point, à moins qu'on ne pretende que la preuve est renfermée en ce qu'il dit que de tout ce qu'il peut attribuer à l'esprit, il ne voit rien qui lui convienne que la pensée, & qu'il le perd de vûë si tôt qu'il perd l'idée de celle-cy.

Or il est visible que cette raison n'est point solide; car elle n'est fondée que sur cette supposition que l'essence des choses consiste précisément dans ce qui nous frape davantage, & dans l'endroit par lequel nous les connoissons le mieux, ce qui est evidemment faux; car il est peu de choses que nous connoissions parfaitement, & bien loin que leur essence nous soit connuë, nous n'en appercevons du moins de la plûpart que la superficie & l'écorce.

Ne

Ne regardons donc plus la propoſition de Deſcartes comme une verité claire & evidente par elle-même, à laquelle l'eſprit eſt forcé de conſentir, lorſqu'on la lui propoſe; mais comme une hypotheſe qu'on peut recevoir ou rejetter, ſelon qu'elle s'accorde avec les obſervations, ou qu'elle y eſt contraire.

Que ſi nous en jugeons par cette regle, il me ſemble qu'on la trouvera fort douteuſe: car c'eſt une conſequence neceſſaire de ce principe que l'eſprit de l'homme penſe toûjours; & c'eſt auſſi ce que Deſcartes aſſûre dans les paroles que nous avons rapportées: je ſuis, dit-il, j'exiſte, cela eſt cer-« tain: pendant combien de temps? « pendant que je penſe. Ainſi il « pourroit peut-être arriver que ſi « je ceſſois de penſer, je ceſſerois « d'être. Il le ſuppoſe encore dans « ſa réponſe aux objections de Gaſ-« ſendy: car pourquoy, dit-il, ne « penſeroit-il pas toûjours, puiſ-«

„ que c'est une chose qui pense, & „ qu'ya-t-il d'extraordinaire que „ nous ne nous ressouvenions pas „ des pensées que nous avons eües „ dans le ventre de notre mere, ou „ dans un sommeil letargique, puis- „ que nous ne nous ressouvenons „ pas de beaucoup de choses que „ nous avons pensé étant éveillez, „ en parfaite santé & dans un âge „ avancé ?

Il est donc certain que cette consequence se tire évidemment du principe de Descartes, que ce Philosophe en convient, & qu'elle est le fondement de toute la doctrine de ses meditations metaphisiques.

Cependant sur quoy est-il fondé pour avancer que l'esprit pense toûjours ? Ce n'est pas l'experience qui l'en a convaincu ; tout le reste des hommes avoit crû jusqu'à lui experimenter le contraire. Ce n'est pas non plus une raison claire & evidente ; son principe est la seule raison qu'il allegue pour le prouver.

Mais que Descartes ait tort ou raison, que son principe soit vrai ou faux, il importe peu pour le dessein de cet ouvrage; & pourvû qu'on ne s'en serve point pour établir des idées innées, il m'est indifferent qu'on le reçoive ou qu'on le rejette: ce n'est que cette derniere consequence qui me blesse, c'est elle seule qui m'oblige à proposer quelques difficultez contre le sentiment d'un Philosophe que je revere: sans cela je ne m'arrêterois point à examiner cette question, elle n'est point essentielle à mon sujet, aussi je n'en parle qu'en passant & je reduis au raisonnement suivant tout ce qui me reste à dire sur cette matiere.

Si l'esprit de l'homme pense toûjours, il faut necessaîrement que les pensées qui l'occupent soient excitées, ou par l'ébranlement des fibres du cerveau, ou que l'esprit les produise lui-même indépendamment des mouvemens de la machine.

Mais il est visible que dans le ventre de la mere les fibres du cerveau ne sont pas continuellement ébranlées, puisque les sens ne souffrent que rarement des impressions sensibles, & que les nerfs par lesquels ces impressions se communiquent aux fibres du cerveau sont dans un état de relâchement.

Il faut donc conclure, que si l'ame pense toûjours, elle produit elle-même quelques-unes de ces pensées indépendamment du mouvement des fibres du cerveau.

Mais il est evident encore, que si l'ame produit elle-même quelques-unes de ces pensées, sans qu'elle y soit excitée par l'ébranlement des fibres du cerveau, ces pensées doivent subsister toûjours, puisque n'y ayant point de cause qui puisse les exciter, il n'y en a point aussi qui puisse les faire cesser. Ainsi comme nous sommes convaincus par notre propre experience que nous n'avons point de pensée de cette nature, nous devons être convaincus aussi que notre esprit ne pense pas toûjours, & que son essence ne consiste pas dans la pensée.

Ainsi, au lieu de conclure que l'ame pense toûjours de ce que son essence consiste dans la pensée, nous devons conclure au contraire, que l'essence de l'ame ne consiste pas dans la pensée, puisqu'elle ne pense pas toûjours, & nous pouvons appliquer ici ce que dit un Ancien : Ces principes établis, Zenon a eu raison d'en soutenir les consequences ; mais ces consequences sont si fausses que le principe ne sçauroit être veritable.

Au reste je prie le Lecteur de remarquer que dans le raisonnement que l'on vient de faire, on ne dit point que nos pensées soient liées à l'ébranlement des fibres du cerveau, & qu'on dit seulement qu'elles sont excitées par l'ébranlement de ces fibres. On pouroit pourtant se servir de ce terme, s'il ne s'agissoit que des pensées de l'entendement : car il est certain que les perceptions, & les sensations que l'ame souffre à la presence des objets qui frapent les sens, sont necessaires. Mais il n'en est pas de même des mouvemens de la volonté; ils sont libres, il n'y a point de liaison necessaire entre nos desirs & la flexion des fibres du cerveau : Les mouvemens de ces fibres n'en sont que l'occasion, & la volonté se détermine comme elle juge à propos, & cela sans contrainte & sans necessité.

L'on pouroit encore attaquer l'opinion de Descartes par plusieurs raisons qui ne sont ni moins fortes ni moins convaincantes que celles que je viens de proposer;

mais comme j'ay déja dit, c'est ici une question préliminaire que je suis obligé de toucher pour donner quelque ordre & quelque netteté à cet ouvrage, & sur laquelle j'aurois tort de m'étendre, puisque ce seroit m'écarter de mon sujet, dans lequel il est temps de rentrer.

Les recherches que nous avons fait jusqu'ici, ont été fort inutiles, c'est en vain que nous avons consulté les Philosophes pour apprendre d'eux quelle est la nature & l'essence de l'ame. Nous voilà dans la même incertitude où nous étions en commençant cet examen ; & les efforts que nous avons faits pour en sortir, ne servent qu'à nous convaincre que nous ne serons pas plus heureux que les autres dans une recherche si difficile ; & à nous persuader que l'esprit de l'homme dont les operations sont si evidentes, est couvert lui-même de tenebres si épaisses qu'il est impossible à notre foible raison d'y porter la lumiere.

Cessons donc de faire de vains efforts pour le penetrer, cessons de perdre le temps à un dessein chimerique; & pour employer utilement nos méditations, tâchons de découvrir les principes de nos connoissances & de nos passions.

Nous avons lieu de nous flater que nous reüssirons dans notre recherche, puisque l'experience nous servira de flambeau, & que les observations qui se presentent en foule, nous conduiront comme par la main; pourvû que nous reprenions les choses dans leur source, que nous considerions la maniere dont les enfans qui naissent dans une profonde ignorance de toutes choses apprennent insensiblement à les connoître, & à en juger, & que nous observions avec soin comment leur esprit assoupi, pour ainsi dire, au commencement, de même à peu prés que les membres de leur corps dont tous les mouvemens sont embarassez, commence à agir avec liberté à mesure que celui-cy se dénouë. C'est ce que nous tâcherons d'executer avec toute la netteté dont nous sommes capables, aprés que nous aurons donné une idée claire & distincte des organes du corps qui contribuë aux actions de l'esprit.

CHAPITRE IV.

De la structure du cerveau, & des nerfs & de la distribution des esprits animaux dans les parties, & leurs usages.

LE Cerveau & le cervelet sont composez de deux substances differentes, l'exterieure est cendrée, & l'interieure est blanchâtre. La premiere est formée d'un amas d'un nombre infini de petites glandes qui servent à separer les esprits animaux, qui par les vaisseaux excretoires de ces glandes sont portez dans la substance blanchâtre ou mouëlleuse qui en est le reservoir. Cette mouëlle est spongieuse, & remplie d'un nombre presque infini de petits pores, qui communiquent ensemble; & je ne crois pas d'en pouvoir donner une idée plus juste qu'en le comparant à une éponge ou à la mouëlle du sureau.

De ce reservoir partent une infinité de petits tuyaux qui se reünissant par faisseaux à leur sortie du cerveau de la mouëlle allongée & de la mouëlle de l'épine, forment les nerfs qui vont se repandre dans les parties, & sont les canaux par lesquels les esprits s'y distribuënt.

Le reservoir & les nerfs sont toûjours remplis d'esprits animaux, & il en coule sans cesse dans toutes les parties, parce qu'-

il s'en ſépare toûjours de nouveaux qui remplacent ceux que le reſervoir & les nerfs y repandent. Ainſi cet écoulement ne diſcontinuë jamais pendant tout le cours de la vie, c'eſt une ſource qui ne tarit point, mais qui fournit inégalement ſuivant la diſpoſition du ſang & des organes.

Elle coule par exemple en plus grande abondance pendant la veille ; & pour lors le reſervoir & les nerfs en ſont tendus & remplis: au lieu que pendant le ſommeil les eſprits y coulent en moindre quantité; d'où vient qu'ils ſont pour lors dans une eſpece de relâchement.

Pendant la veille même elles coulent en plus grande quantité, tantôt dans une partie & tantôt dans l'autre ; de là les divers mouvemens qu'elles exercent, & un nombre preſque infini d'actions diverſes que nous n'examinerons point ici, parce que ce n'eſt pas de notre projet.

Mais nous remarquerons que quoique les esprits animaux coulent continuellement dans les parties, parce qu'ils sont continuellement poussez & par ceux qui se filtrent dans les glandes, & par le battement des arteres & de la dure & de la pie-mere; nous remarquerons, dis-je, que quoique leur mouvement soit assez rapide, la moindre cause suffit pour interrompre leur route & pour les repousser vers le cerveau; parce que la force qui les oblige à descendre est tres-foible, & par consequent facilement surmontée par les impressions que les objets, qui nous environnent, font continuellement sur nos organes.

Or à mesure que les esprits animaux sont repoussez vers le cerveau, ils en ébranlent les fibres par une necessité mechanique, & excitent en nous les sentimens de douleur & de plaisir & toutes les idées qui s'impriment dans nôtre esprit à la presence des objets; parcequ'il a plû à l'auteur de la nature d'attacher nos perceptions & nos sentimens à l'ébranlement de ces fibres. Et la diversité de nos sensations n'a rien qui doive nous surprendre : car c'est une suite necessaire de la diversité des organes & & de la diverse maniere dont les objets agissent sur nos sens, ce qu'il seroit aisé de faire voir par la description des sens: mais comme ce n'est pas ici le lieu de la faire, nous nous contenterons de la supposer. Nous supposerons encore que chaque sens a ses objets particuliers qui ne font point d'impression sur les autres.

Ainsi nous connoissons par la veuë les couleurs, l'étenduë, la situation, le mouvement & le repos des corps visibles. Nous distinguons par le toucher la solidité, la liquidité, la dureté, la molesse, l'âpreté, & la politesse des corps palpables; & par les organes du goût, de l'ouïe & de l'odorat, nous apperçevons les sons, les odeurs, & les saveurs.

Nous supposerons enfin que tous les sens aboutissent à peu prés dans le même endroit du cerveau, & que c'est par là que les diverses idées que les objets impriment dans nôtre esprit, s'unissent & ses lient ensemble.

Je ne m'applique point à prouver ces suppositions, parce qu'elles sont communément receuës & qu'une simple exposition suffit pour en convaincre le lecteur.

Au reste, c'est la seule chose que je supposerai dans tout ce traité : car je m'attacherai à ne rien avancer qui ne soit ou confirmé par l'experience ou évident par lui même. J'espere neanmoins qu'en suivant cette méthode je ferai voir que toutes nos connoissances viennent des impressions des sens, & que le lecteur sera satisfait des éclaircissemens que je donnerai sur la maniere dont elles ſe forment : car quoiqu'il ſoit impoſſible de traiter ici de toutes nos idées en particulier, parce que ce détail ſeroit infini, je donnerai des principes generaux dont le Lecteur pourra ſe ſervir pour expliquer les faits ſur leſquels la brieveté que je me ſuis preſcrite ne me permet pas de m'étendre.

Ce projet s'accorde mal avec les idées innées de Deſcartes ; ainſi j'ai lieu de craindre que bien loin de goûter mes raiſons le public prevenu aura de la peine à les lire. J'avouërai même que ſa prevention eſt bien fondée, & que cet illuſtre Philoſophe a ſi bien dévelopé les ſecrets les plus cachez de la Phyſique, qu'on ne peut garder trop de circonſpection lors qu'il s'agit d'adopter un ſentiment qu'il a rejetté, ou de rejetter une opinion qu'il a ſuivie. C'eſt la diſpoſition où je ſuis à ſon égard: car quelque fortes que ſoient les raiſons qui me déterminent, je crains de m'égarer, dés que j'abandonne la route qu'il m'a marquée; & ce n'eſt qu'en tremblant que je propoſe mes conjectures, lors qu'elles ſont contraires à ſes raiſonnemens. Mais enfin quelque juſte que ſoit cette prevention, & quelle que ſoit l'autorité de ce grand Philoſophe, il n'eſt pas raiſonnable qu'elle l'emporte dans notre eſprit ſur l'évidence de la verité, & ſur notre propre experience; & nous devons ne nous attacher à ſes déciſions qu'autant que les raiſons dont il les appuye ſont ſolides, & que notre eſprit éclairé par un examen ſerieux en ſent la force & ſe porte de lui-même à y conſentir.

C'eſt là la regle que je me ſuis propoſée de ſuivre en liſant ſes ouvrages; & parmi une infinité de choſes qui m'ont fait admirer l'étenduë & la juſteſſe de ſon eſprit, j'ay trouvé, ce me ſemble, quel-

ques

ques ombres, & quelques foibleſſes. Mais il n'y dit rien qui me paroiſſe ſi viſiblement faux, & ſi opposé à l'experience de tous les hommes que ces idées innées qu'il lui plaît de ſuppoſer dans l'eſprit humain; car enfin il me ſemble qu'à moins de s'aveugler ſoi-même volontairement, il eſt impoſſible de ne pas voir que toutes nos connoiſſances viennent par les impreſſions des ſens, & que ces idées qu'on ſuppoſe nées avec nous, ne ſe forment dans notre eſprit qu'inſenſiblement & à meſure que nous avançons en âge & que les enfans dans leurs premieres années ſont incapables de les concevoir lors qu'on les leur propoſe, bien loin d'être en état de les produire de leur propre fonds.

Cela ſi eſt clair & ſi ſenſible que les preuves paroiſſent inutiles & ſuperfluës. Il eſt certain cependant que c'eſt le prouver à ne ſouffrir pas de replique que de montrer la maniere dont ces idées se forment dans notre esprit, comme je me suis proposé de faire dans ce traité. Ainsi je prie le Lecteur d'en lire la suite avec attention, parce qu'il y trouvera la solution des principales difficultez qui peuvent lui rester sur cette matiere ; & que la force des raisons qu'on y propose, consiste dans leur enchaînement & dans l'union des raisonnemens, qui se fortifient mutuellement les uns par les autres.

CHAPITRE V.

L'on explique comment se forment les premieres idées & les premieres passions des enfans.

IL est certain que nous naissons tous dans une profonde ignorance de toutes choses, & que nous pouvons supposer que tandis que le fœtus est renfermé dans le ventre de sa mere, il est enseveli dans un profond ſommeil, qu'il eſt ſans mouvement, ſans ſentiment, ſans connoiſſance, & ſans penſée: car les foibles mouvemens dont il eſt de temps en temps agité, & les legeres ſenſations qu'il souffre quelquefois, ne meritent pas qu'on y faſſe beaucoup d'attention.

Examinons donc ici comment il s'éveille, qu'il commence à ſentir & à ſe mouvoir, & qu'il apprend inſenſiblement à connoître les objets qui l'environnent. Mais pour ne nous point écarter de la verité dans cette recherche, ſuivons la nature pas à pas, & conſiderons ce qui arrive à cet enfant dés qu'il voit le jour.

Une infinité d'objets agiſſent ſur ſes organes, la lumiere brille à ſes yeux, divers ſons frapent ſes oreilles, & l'air auquel ſon corps eſt exposé, en ébranle & agite toutes les parties exterieures; de là vient que les nerfs qui s'y diſtribuënt ſouffrent mille & mille ſecouſſes, que les eſprits qui y ſont contenus ſont repouſſez vers le cerveau, qu'ils en ébranlent les fibres & excitent dans l'eſprit de cet enfant mille ſenſations qui lui étoient inconnuës : car comme nous avons dit plus haut, c'eſt à la flexion des fibres du cerveau que l'Auteur de la nature a attaché les pensées des hommes.

2°. Les eſprits qui remontent vers le cerveau mettent en agitation & en mouvement ceux qui ſe trouvent dans cette partie, & les font couler en abondance dans les organes ; d'où vient que les nerfs qui s'y diſtribuënt en ſont gonflez, que les yeux de l'enfant qui étoient fermez dans le temps que le fœtus étoit enſeveli dans le ventre de ſa mere, commencent à s'ouvrir ; que les organes des ſens deviennent plus ſenſibles : d'où vient en un mot qu'il s'éveille.

3°. Ces eſprits coulent inégalement dans les parties; de là vient que l'enfant commence à respirer, qu'il fait divers mouvemens & qu'il pleure en naissant.

Ce n'est pas ici le lieu de considerer ni ces mouvemens en particulier, ni les causes qui déterminent les esprits à couler tantôt dans une partie & tantôt dans l'autre; mais nous devons examiner avec attention quelles sont les premieres idées qui se gravent dans le cerveau des enfans, & quels sont les effets qu'elles y produisent.

Il est visible que les premieres idées qui s'impriment dans l'esprit d'un enfant sont excitées par les objets qui l'environnent; puisque ce sont les seuls qui frapent ses sens, & qu'il n'en connoît point d'autre.

Les images de ces objets s'impriment dans son cerveau & dans son esprit à peu prés comme dans un miroir qui ne reflechit pas seulement les couleurs, mais encore les sons, les odeurs, en un mot toutes les qualitez des corps que nous apperçevons par les ſens ; ainſi dés que cet enfant ouvre les yeux, & qu'il voit la lumiere du jour, les parois de la chambre où il eſt né, l'image de ſa nourrice & des perſonnes qui l'environnent, les ſons qui frapent ſes oreilles, &c. ſe peignent & ſe gravent dans ſon cerveau, & y impriment des traces par leſquelles il a été donné à l'eſprit de les conſiderer & de les connoître, & de là nos premieres perceptions & nos premieres pensées.

De ces premieres impreſſions les unes nous flatent & nous chatoüillent, les autres nous fatiguent, & nous bleſſent ; il en eſt d'autres enfin que l'eſprit regarde avec tranquilité, ou ce qui eſt la même choſe, avec indifference, & delà les premieres paſſions dont nous ſommes agitez : car nous aimons naturellement les objets qui nous plaiſent, & nous avons de l'averſion pour ceux qui nous bleſſent.

Les traces qui sont gravées dans le cerveau par l'impression des objets, s'y conservent en quelque maniere aprés que l'impression a cessé, ou ce qui est la même chose, les fibres du cerveau qui ont été ébranlez par les esprits animaux, conservent necessairement quelque disposition à se flechir dans le même sens qu'elles ont été fléchies ; & si, par quelque cause que ce soit les esprits viennent à couler de nouveau dans la partie du cerveau où les traces sont gravées, ces traces se reveillent par une necessité mechanique, & l'objet quoique absent est representé de nouveau à l'esprit, ce qui est le principe de la memoire & de l'imagination.

Par exemple lors qu'un enfant regarde sa mere & qu'il l'écoute parler, son air, son visage, sa bouche, ses traits & la voix qu'il entend forment des traces contiguës dans son cerveau, parce que tous nos ſens aboutiſſent dans le même endroit du cerveau, & que les nerfs optiques dont l'extenſion forme la retine, & les nerfs qui vont ſe répandre dans l'organe de l'ouïe ſont ébranlez dans le même inſtant: ainſi toutes les traces ne forment enſemble qu'une ſeule & même image ; d'où vient que lors qu'une partie de cette image vient à ſe reveiller par la preſence de l'objet, les autres ſe reveillent auſſi par une neceſſité mechanique: ainſi lors qu'il conſidere le viſage de ſa mere, il ſe rappelle le ſon de ſa voix, & le ſon de cette voix le fait reſſouvenir du viſage & des traits de ſa mere.

Or ces traces ſe reveillent d'autant plus facilement que les impreſſions qui les ont formées ont été plus violentes, & plus ſouvent reiterées ; & la raiſon en eſt ſenſible, c'eſt qu'elles ſont plus profondes.

Ainſi comme la faim eſt une ſenſation

ſenſation tres-vive & tres-importune, il eſt viſible qu'elle doit graver dans le cerveau de l'enfant des traces fort profondes. Lorſque cet enfant l'éprouve pour la premiere fois, il ne connoît point encore ce qui peut l'appaiſer, & par conſequent il ne ſouhaite pas de tetter; la ſeule choſe qu'il deſire, c'eſt de ſe délivrer de ce ſentiment incommode qui le fatigue: c'eſt pour cela qu'il s'agite, qu'il remuë la langue, qu'il ſerre les lévres, & qu'il exprime ſa ſalive: mais bien-loin que cela ſerve à appaiſer ſa faim, il ne fait que l'irriter davantage; d'où vient qu'il crie, & qu'il fond en larmes.

Sa nourrice avertie par ſes cris lui preſente ſes mammelles, l'enfant s'y attache, il en preſſe le mammelon avec les lévres, & le lait qui réjallit dans ſa bouche lui chatoüille agreablement la langue & le palais, & appaiſe ſon inquietude en embaraſſant les parties ſalines de ſa ſalive & du ferment de ſon eſtomac ; il ſe mêle dans la ſuite avec ſon ſang, le calme & le tempere, & ſa faim s'appaiſe tout-à-fait pour quelque temps : mais comme le ſang s'échauffe à force de rouler dans les vaiſſeaux, & que ſes parties balſamiques ſe diſſipent peu à peu, & par la fermentation qu'elles ſouffrent, & par les ſecretions qui ſe font dans les couloirs, la ſalive & le ferment de l'eſtomac, recouvrent bien-tôt leur premiere acrimonie, & la faim ſe reveille, & reveille par conſequent toutes les traces qui y ſont contiguës. Par exemple, celles qui repreſentent ſa nourrice, les mammelles, le lait, & le plaiſir qu'il a reſſenti en l'avalant ; d'où vient que l'enfant ſe repreſente toutes ces choſes, ou ce qui eſt la même choſe, il s'en ſouvient, il les imagine à meſure que la faim recommence à le preſſer.

Je n'aurois jamais fait, si je voulois rapporter en détail toutes les connoissances qu'un enfant acquiert chaque jour, les diverses traces qui se gravent dans sa memoire, & les diverses passions dont il est agité à la presence des objets qui frapent ses sens; ce detail même seroit inutile & superflu, puisqu'il n'est point de fait particulier dont on ne puisse trouver la raison en y appliquant les principes que l'on vient de proposer; ainsi je me reduirai à ce que je croirai absolument necessaire pour éclaircir mon sujet. Mais avant de pousser notre recherche plus avant, il faut nous arrêter ici pendant quelque temps, & faire quelques reflexions sur les premieres impressions des sens, & les premieres idées qui s'impriment dans notre esprit.

Nous remarquerons donc 1°. que les objets qui agissent sur nos sens, agissent sur eux de diverse maniere, que tantôt nous les appercevons clairement & distinctement, & que tantôt ils ne forment dans notre esprit que des idées obscures & confuses.

Nous remarquerons 2°. que l'idée est claire & distincte, c'est-à-dire que l'objet est parfaitement connu, lors que nous apperçevons clairement & distinctement toutes [illegible] parties qui le composent ; & elle est confuse, lors qu'on ne ressent que l'impression du tout, sans apperçevoir en détail les parties composantes. Ce qu'il ne faut pourtant pas entendre à la rigueur puisqu'à le prendre dans ce sens l'on ne pourroit dire d'aucun corps que nous en avons une idée claire & distincte, puisque ce n'est que la superficie & l'écorce des objets qui frape nos sens ; & que l'interieur des corps ne fait aucune impression sur nos organes : mais à le prendre dans une signification plus étenduë & selon le langage ordinaire, nous disons que nous avons une idée claire & distincte d'un objet, lors que nous le distinguons des autres facilement & sans étude.

Il faut remarquer 3o. qu'il y a une infinité de degrez de clarté & de confusion parmi les idées qui se forment dans notre esprit par les impressions que les objets font sur nos sens.

L'idée que nous avons d'un objet est d'autant plus claire que nous en avons ressenti l'impression par un plus grand nombre de sens que l'impression a été plus vive, qu'elle a duré plus long-temps, & que les organes ont été mieux disposez ; par le défaut de ces conditions elle devient toûjours plus obscure & plus confuse.

Pour en donner un exemple, supposons qu'on regarde un corps qui se meut, & que l'éloignement soit tel qu'on ne distingue point si c'est un animal ou un corps inanimé, pour lors l'idée que nous avons de ce corps est tres obscure & tres confuse.

S'il s'approche & qu'on distingue que c'est un animal, l'idée est moins confuse que la precedente; mais elle n'est pas encore fort claire: enfin elle devient toûjours plus claire & plus distincte à mesure qu'on s'en approche davantage, qu'on le touche & qu'on l'examine de plus prés: car pour lors l'on en distingue non seulement l'espece, mais encore les particularitez les moins sensibles; & l'image qui s'en forme dans le cerveau & dans l'esprit est tres vive, & tres claire, c'est-à-dire que l'objet nous est parfaitement sensible, parfaitement connu.

Il faut remarquer enfin que dans les premiers jours de la vie d'un enfant, il se grave dans son cerveau, & dans son esprit quantité d'idées, quelques-unes distinctes & la plufpart tres confuses, & que ces idées confuses se rendent de jour en jour plus claires par les nouvelles impressions que les objets font sur ses sens : car le même objet qu'il n'apperçoit aujourd'hui que d'une maniere confuse, parce qu'il ne frape ses sens que foiblement, gravera demain une image claire & distincte, parce qu'il les frapera vivement.

CHAPITRE VI.

Des premiers jugemens des enfans. De la difference qu'il y a de l'impression au jugement & quel est le principe & la source de nos jugemens.

LES objets qui agissent sur nos organes, impriment, comme nous avons dit dans le chapitre precedent, des traces dans le cerveau ; toutes les qualités que nous appercevons par le sens s'y gravent à-peu-prés comme un cachet sur de la cire, ne forment toutes ensemble qu'une seule & même image, & les parties qui composent cette image sont si étroitement unies ensemble lors qu'elles ont été retracées plusieurs fois par des impressions reiterées, qu'à mesure que quelqu'une de ces traces vient à se reveiller par la presence de l'objet, les autres se reveillent aussi par une necessité méchanique : ce qui non seulement est la source de la memoire & de l'imagination, comme nous avons dit dans le chapitre precedent, mais encore des jugemens que nous portons des objets qui frapent nos sens, comme on va le montrer par quelques exemples.

Lors que j'entends le son d'une cloche, que la voix d'un de mes amis frape mes oreilles, que je considere de loin ou par derriere quelque personne de ma connoissance, le son de cette cloche, ou cette voix que j'entends, cette idée confuse que la presence de cette personne forme dans mon esprit, me font juger sur le champ que c'eſt mon ami qui parle, que c'eſt une cloche qui fait le bruit qui retentit à mes oreilles, & que cet homme que je conſidere, eſt un tel que je connois particulierement. Il n'y a qu'un ſens de frapé, il n'y a qu'une trace d'ébranlée par la preſence de l'objet : cependant toute l'image ſe renouvelle; & il s'en faut peu qu'elle ne ſoit auſſi vive que lors que toutes les parties de l'objet ont frapé mes ſens clairement & diſtinctement.

Ainſi la ſeule difference que je trouve entre le jugement & l'impreſſion; c'eſt que dans l'impreſſion l'on voit ou l'on ſent clairement & diſtinctement toutes les parties de l'objet, au lieu que dans le jugement il n'y a qu'une partie de l'objet qui agiſſe ſur nos ſens, & le reſte de l'image ſe reveille, parce que les traces qui la compoſent ſont ſi étroitement unies enſemble, que les eſprits coulent de l'une dans l'autre par leur pente naturelle : en un mot, l'impression grave l'image dans le cerveau, le jugement la suppose gravée.

Ce que je viens d'avancer est si évident & si sensible, que j'ai peine à croire qu'on puisse le revoquer en doute ; cependant il suit delà que les idées qui ont été unies dans l'impression doivent se representer unies dans le jugement ; & qu'au contraire celles qui ont été séparées dans l'impression doivent se representer distinctes & séparées dans le jugement.

Il suit enfin que les traces qui ont été gravées dans le cerveau doivent dans le jugement conserver la situation dans laquelle elles ont été gravées dans l'impression, & se reveiller dans le même ordre. Ainsi par ces seuls principes, il est tres-facile d'expliquer toute la mechanique de nos jugemens, & de déveloper la maniere dont les enfans apprennent à connoître les choſes, & à en juger.

Si vous voulez par exemple ſçavoir comment un enfant qui entend la voix de ſa mere, la diſtingue & juge que c'eſt ſa mere qui parle, je vous ferai remarquer que cet enfant ayant vû ſa mere, & l'ayant entenduë parler, dans le même tems, l'impreſſion que cette voix a fait dans ſon cerveau s'eſt unie à celle que ſon viſage, ſes traits & le reſte de ſa perſonne y ont gravées: ainſi l'une venant à ſe reveiller, les autres ſe reveillent en même temps par une neceſſité mechanique. De là vient que lors que la mere recommence à parler, non ſeulement l'idée de ſa voix ſe retrace dans le cerveau de l'enfant, mais encore celles de ſon viſage & du reſte de ſa perſonne ſe reveillent en même tems. De ſorte que l'enfant juge que c'eſt ſa mere qui parle.

La même chose n'arrivera pas, si la voix qu'il entend est fort differente de celle de sa mere; parce que celle-ci faisant une impression tout à fait differente ou l'idée de sa mere ne se reveillera point, & pour lors il ne pensera point à elle; ou si cette idée se reveille, les traces de la voix qu'il entend, & celles qui representent sa mere seront distinctes & separées Ainsi bien loin d'assurer que c'est sa mere qui parle, il fera un jugement opposé, & niera que ce soit elle qu'il ait entendu parler.

Mais si cette voix a beaucoup de ressemblance à celle de sa mere, je ne doute point qu'il ne les confonde, & que l'idée de sa mere venant à se reveiller elle ne soit contiguë à l'idée de cette voix, & par consequent qu'il ne juge que c'est sa mere qui parle. Mais comme il voit qu'il s'est mépris dés qu'il ouvre les yeux, & qu'il se forme dans son cerveau une image tout à fait differente de celle de sa mere, s'il entend la même voix une seconde fois, il l'unira à cette derniere image, s'il a remarqué quelque caractere distinctif de cette voix à celle de sa mere; mais s'il n'a point remarqué cette difference, lors qu'il entendra cette voix pour la seconde fois, l'idée de sa mere & celle de cette personne venant à se reveiller en même tems, il l'attribuera tantôt à l'une, & tantôt à l'autre, ou bien il sera en suspens, & en doute sans se determiner entre elles: car le doute n'est autre chose que cet état de l'ame qui ne sçait à quoy se determiner entre les diverses idées qui se presentent à l'esprit.

Nous ne pouvons pas douter que ce ne soit ainsi que les enfans se determinent dans leurs jugemens, puisque nous suivons exactement cette regle pendant tout le cours de la vie, & que nous jugeons par analogie de tous les objets que nous ne connoissons qu'imparfaitement. Si l'on nous presente, par exemple, quelque fruit ou quelque ragoût dont nous n'avons jamais goûté, nous jugeons du goût qui nous est caché par la couleur & par l'odeur qui nous sont sensibles.

Or si tous les hommes jugent par analogie, il est visible que les enfans doivent juger sur la moindre ressemblance, & confondre tous les objets nouveaux qui frapent leurs sens d'une maniere confuse, avec quelqu'un de ceux qu'ils connoissent distinctement: de même à peu prés que nous confondons un animal étranger que nous considerons de loin, avec quelqu'un de nos animaux domestiques. Car l'on peut regarder tous les objets nouveaux qui se presentent aux yeux des enfans comme des raretez qui arrivent d'un pays inconnu; & lors qu'ils ne les frapent point assez vivement pour graver dans leur cerveau des images claires & diſtinctes, les images confuſes qu'ils y forment, reveillent quelqu'une des idées qui y ſont gravées. De là vient que les enfans les confondent enſemble, & qu'ils jugent que le corps qu'ils voient confuſément eſt le même que quelqu'un de ceux avec lequel celui-ci a de la reſſemblance.

Mais ſi cet objet fait de nouvelles impreſſions ſur ſes ſens, qu'elles ſoient vives & diſtinctes; pour lors l'idée de ce corps ſera diſtincte, il en ſentira la difference & ne le confondra plus avec les autres. Je dis qu'il en ſentira, & non qu'il en remarquera les differences, parce que nous connoiſſons bien plûtôt la diverſité des corps par ſentiment que par une connoiſſance diſtincte des differences qui ſont entr'eux, & nous ſerions ſouvent fort embaraſſés à expliquer la difference qu'il y a entre deux animaux, deux diamans, &c. qui ſe reſſemblent quoique nous les distinguions parfaitement l'un de l'autre. C'est le tout qui fait une impression diverse qu'on sent & qu'on apperçoit clairement, sans qu'on fasse attention aux differences particulieres qui les distinguent.

Il suit naturellement de ce que l'on vient d'établir, que les premiers jugemens des enfans doivent être fort sujets à l'erreur, puisqu'ils confondent tout, & qu'ainsi s'ils jugent quelquefois selon la verité, c'est l'effet du hazard, & non pas d'une solide lumiere.

Il suit 2o. qu'il y a fort peu de difference entre la memoire & le jugement, ou pour mieux dire, que le jugement n'est qu'une espece de memoire & de ressouvenir des diverses faces qu'on a observées dans un objet ; & par consequent il est visible qu'à mesure qu'on en a plus souvent ressenti l'impression, & par un grand nombre de ſens, & que les liaiſons des traces qui repreſentent les diverſes qualitez des objets ſont plus exactes, l'on doit en porter un plus grand nombre de jugemens, & que ces jugemens doivent être d'autant plus conformes à la verité. Car nos jugemens ne ſont veritables qu'autant qu'ils ſont conformes aux impreſſions que les objets font ſur nous; & ils ſont d'autant plus conformes à ces impreſſions, que ces impreſſions ont été plus ſouvent reïterées. Ainſi comme dans les premiers jours de leur vie les enfans n'ont reçû l'impreſſion que d'un petit nombre d'objets, & que la plûpart de leurs idées ſont tres-ſuperficielles; il eſt viſible que le commencement de leur vie doit être rempli d'erreur, de doute, & d'incertitude, ce qui eſt tres-conforme à l'experience.

Il ſuit 3°. que le jugement des enfans doit ſe fortifier à meſure qu'ils avancent en âge, parce qu'il se grave toûjours des nouvelles idées dans leur cerveau, & que les idées confuses qui y sont gravées se rendent de jour en jour plus claires & plus distinctes. D'où vient qu'il leur faut beaucoup moins de clarté d'impression pour juger sainement des objets qui frapent leurs sens, & les distinguer les uns des autres ; car comme nous avons dit dans le chapitre precedent, c'est par des impressions reïterées que les images des objets se perfectionnent, & que les diverses parties qui les composent se lient étroitement ensemble ; & par consequent elles se reveillent toutes plus facilement, lors qu'une de ces parties est representée à l'esprit par la presence de l'objet.

CHAPITRE VII.

L'on explique comment les mouvemens qui accompagnent les passions de l'ame manifestent nos pensées.

TOUS les animaux ont une espece de langage, ils se parlent à leur maniere, ils s'interrogent & se répondent; & la nature leur a donné des voix pour expliquer leurs besoins, & pour exprimer les passions dont ils sont agitez : mais ces voix sont assez imparfaites, l'homme seul par un privilege particulier a l'usage de la parole pour expliquer ses pensées les plus cachées, & manifester les mouvemens de son cœur les plus secrets. Tâchons de déveloper le mystere de ce double langage, d'en découvrir les principes, & d'expliquer la maniere dont l'enfant en apprend la signification & l'usage.

Le premier de ces langages consiste dans le mouvement des yeux, l'alteration du visage, & dans l'aptitude des parties ; en un mot dans un certain je ne sçai quoi qu'il est difficile d'exprimer, mais qui se fait entendre sans peine: langage d'autant plus eloquent qu'il n'est point suspect d'artifice, qu'il entraîne sans violence & qu'il persuade toûjours.

L'on voit bien sans que je m'explique davantage que c'est des mouvemens qui accompagnent les passions de l'ame dont je veux parler : il s'agit donc d'en découvrir les causes, & d'en éclaircir la mechanique. Cela n'est pas difficile ; nous en avons plus haut découvert les principes : car nous avons fait voir que par l'action des corps externes qui agissent sur nos organes, les nerfs qui s'y distribuënt sont ébranlez, les esprits obligez de remonter vers leur source où ils ébranlent les fibres du cerveau

& causent les perceptions & les passions de l'ame.

Nous avons fait voir encore que la flexion des fibres du cerveau est necessairement suivie de l'écoulement des esprits dans les parties. De là ces mouvemens impetueux qui accompagnent la colere ; de là cette palpitation de cœur, & ce tremblement des membres qu'on remarque dans la crainte ; de là en un mot les divers mouvemens qu'on observe dans les passions.

Tout cela suit, dis-je, des diverses flexions des fibres du cerveau, lesquelles, comme nous avons dit, ouvrent & bouchent à reprises les origines des nerfs qui se distribuënt dans les muscles: car la nature a placé ces nerfs avec tant de sagesse, que les flexions des fibres du cerveau, qui causent les passions de l'ame, sont suivies par une necessité mechanique des mouvemens qui peuvent manifester, ou satisfaire ces passions.

Ces principes posez, il est facile de rendre raison pourquoi la plus part des hommes sont agitez des mêmes passions à la presence des mêmes objets: car comme la tissure de leur cerveau est fort semblable, & que les origines des nerfs sont placez de la même maniere ou peu s'en faut, il est visible non seulement que les objets doivent faire des impressions semblables sur les organes, mais encore qu'ils doivent ébranler de la même maniere les fibres du cerveau & causer les mêmes mouvemens dans les muscles.

Mais comme cette ressemblance des organes, de la distribution des nerfs & sur tout des esprits animaux qui remplissent le cerveau n'est pas exactement la même dans tous les hommes, & qu'il se trouve presque toûjours quelque petite difference, l'on ne doit point être surpris de la varieté qu'on remarque dans les passions des hommes, & dans les mouvemens qui les accompagnent, & l'on ne doit pas non plus être surpris de ce qu'un même homme n'est pas toûjours également frapé du même objet, & que ce qui le mettoit autrefois en trouble & en fureur le laisse aujourd'hui tranquille, & ne fait sur son esprit que des impressions fort legeres.

Il n'y auroit qu'à étendre les principes pour rendre raison de toutes les passions des hommes, & de toutes les differences qu'on y observe; mais comme ce n'est pas ici le lieu de la faire, & que le lecteur peut tres-facilement faire l'application des principes qu'on vient de proposer, l'on se reduira à expliquer un petit nombre de de phenomenes qui sont essentiels à notre sujet.

L'on demande donc comment par les mouvemens qui accompagnent les passions des hommes nous connoissons & leurs passions & leurs pensées ; pourquoi, par exemple, en voyant un homme blessé qui crie, qui se plaint & qui se lamente, nous jugeons d'abord qu'il souffre des douleurs cruelles.

L'on demande 2°. pourquoi dans dans ces occasions nous sommes touchez de compassion & remplis de tristesse.

La réponse à ces deux questions est bien facile : car pour ce qui regarde la premiere, il est certain que nous devons juger que ce blessé souffre, puisque nous avons experimenté mille fois que les cris & les plaintes sont des compagnes inseparables de la douleur.

Nous le connoissons 2°. par la tristesse & la douleur qu'ils nous causent : ce qui est la seconde difficulté que nous nous sommes proposez de resoudre.

Pour cela il est bon de repeter ici

ici quelques remarques que nous avons fait plus haut.

1o. Que tous les hommes ſont faits à peu prés de la même maniere.

La ſeconde qui eſt une ſuite de la premiere, c'eſt que les mêmes objets font ſur eux des impreſſions peu differentes.

D'où il eſt aiſé de conclure que les paſſions d'autruy ſe repreſentant dans notre cerveau doivent nous en inſpirer de ſemblables. De là vient que nous ſommes affligez avec ceux qui ſouffrent, & que la joie que nous voyons éclater ſur le viſage de nos amis, ſe répand juſques dans notre cœur.

CHAPITRE VIII.

DE LA PAROLE.

LE langage dont nous venons de parler eſt ſans doute fort vif & fort ſenſible; mais il eſt certain qu'il est trop borné, puis qu'il ne donne que des idées confuses de la situation du cœur de l'homme, & non pas de ces idées distinctes qui en dévelopent tous les replis, & qui nous montrent à découvert ce qu'il y a de plus caché. Le parole suplée à ce défaut ; c'est par elle qu'il est donné à l'homme de découvrir le fonds de son cœur, & de representer ses pensées les plus secretes : il y trouve des termes pour exprimer & tous les objets qui frapent ses sens, & tous les mouvemens qu'ils excitent dans son cœur.

L'on peut dire en un sens qu'elle est naturelle à l'homme, puisqu'elle est repanduë par tout le monde, & qu'elle est en usage parmi toutes les nations. Mais les termes dont nous nous servons pour nous expliquer ne sont point un don de la nature ; nous avons besoin d'application & d'étude pour apprendre ce qu'ils signifient,

& pour nous en faciliter la prononciation. C'est ce que la diversité des langues, la difficulté que nous trouvons à apprendre les langues étrangeres, le temps que les enfans employent à apprendre la langue de leur pays, nous prouvent d'une maniere convainquante. Il n'est pas difficile d'expliquer la maniere dont les enfans apprennent la signification des paroles, la mechanique en est la même que des autres jugemens dont nous avons parlé plus haut: ainsi comme nous avons fait voir que lors que deux faces differentes d'un même objet frapent nos sens dans le même instant, elles forment deux traces contiguës dans le cerveau, & que lors qu'une de ces traces vient à se reveiller, l'autre se reveille aussi par une necessité mechanique; de sorte par exemple qu'en considerant la blancheur du sucre l'on se rapelle sa douceur; il est visible de même que si les idées des termes s'unissent dans le cerveau aux idées des objets qui frapent nos yeux, notre imagination doit nous representer ces objets lors que nous entendons repeter les termes qui les signifient.

Or il est clair que lors qu'un enfant entend prononcer le nom de son pere & de sa mere, & qu'il voit en même temps que son pere répond, & que sa mere s'avance, ces termes doivent s'unir dans son cerveau aux idées qui les representent ; & par consequent les idées de son pere, & de sa mere doivent se reveiller, lors qu'il entend prononcer leurs noms.

C'est ainsi que la plûpart des objets qui frapent les sens des enfans se gravent dans leur cerveau, & c'est ainsi qu'ils apprennent la signification d'une infinité de termes dans le commencement de leur vie. Dans la suite ils ont une voye plus abregée & qui ne demande pas tant de reflexion, c'est l'instruction de leurs parens ou de ceux qui sont chargés de leur conduite.

Il ne faut pas croire cependant qu'ils apprennent sans peine ce que les termes signifient ; il faut qu'ils les entendent repeter plusieurs fois pourqu'ils s'inculquent & se gravent dans leur memoire, & que les idées des objets qui y sont unis se representent sur le champ, ce qui ne s'acquiert que par une longue habitude & des impressions souvent reiterées.

Lors que cette habitude n'est pas encore formée & qu'ils n'ont pas contracté cette facilité, les termes qu'ils entendent prononcer ne representent rien de clair & de distinct à leur esprit, & n'y excitent que des idées confuses ; non seulement parce que les idées des termes ne sont pas assez distinctes dans leur cerveau, mais aussi parce que ceux qu'ils entendent parler ne les prononcent pas toûjours d'une maniere distincte.

Il est facile de nous convaincre de cette verité, si nous faisons attention à ce qui nous arrive à nous-mêmes qui sommes dans un âge plus avancé, & si nous considerons avec quelle facilité nous oublions les noms des choses dont l'usage nous est rare, & que ce n'est qu'aprés quelque reflexion que nous concevons ce qu'on veut nous dire lors qu'on nous parle d'une maniere confuse : de telle sorte que c'est moins la distinction de tous les termes que leur arrangement & plusieurs autres circonstances, qui nous font entendre le sens du discours.

Les bornes que je me suis prescrites ne me permettent pas de faire des reflexions plus étenduës sur cette matiere ; je dirai seulement (ce qu'on ne peut nier) que nous avons des termes pour exprimer & les objets qui frapent nos ſens, & les mouvemens de notre eſprit & de notre cœur, c'eſt à dire, nos perceptions & nos volontez; mais ces derniers d'une maniere plus imparfaite que les autres, parce que l'idée n'en eſt pas ſi vive, & les enfans ſont long-temps à en connoître la force, parce que ce n'eſt que par des reflexions reiterées ſur les actions qui accompagnent ces paroles, qu'ils en conçoivent la ſignification.

Que ſi vous voulez ſçavoir comment les enfans aprés avoir connu la ſignification des termes apprennent enfin à les prononcer, je pourrois répondre en deux mots que c'eſt une ſuite neceſſaire de l'imitation des animaux; ce qui eſt un principe que nous avons établi dans le chapitre precedent: mais je crois qu'il eſt mieux d'en faire ici une application particuliere.

Pour cela, je ſuppoſe d'abord ce qui eſt inconteſtable, que nos paroles ſont formées par le mouvement de la langue & des autres parties qui servent à modifier la voix ; que les mouvemens de la langue sont des suites de l'écoulement des esprits qui se repandent dans les muscles, qui par l'entrelassement de leurs fibres composent cette partie, & que l'écoulement des esprits dans cette partie dépend de la maniere dont les entrées des nerfs qui s'y distribuënt sont disposées.

2°. Je suppose que la disposition de l'entrée des nerfs change à mesure qu'il se fait dans le cerveau de nouveaux mouvemens & diverses flexions des fibres, par exemple, lors que la fibre A. est flechie, l'entrée du nerf B. est bouchée, & celle du nerf C. est élargie ; au lieu que par la flexion de la fibre B. l'entrée du nerf C. est bouchée, & celle du nerf B. est élargie.

3°. Je suppose que c'est de la diverse disposition de l'entrée des nerfs de la langue que dérivent les divers mouvemens de la langue, qui forment ce nombre presqu'infini de sons dont les langues sont composées.

4°. Je suppose enfin, que lors qu'il se fait de semblables flexions dans le cerveau de diverses personnes, il doit se faire les mêmes mouvemens dans les parties, à moins qu'il n'y ait quelque raison particuliere qui s'y oppose.

Outre que ces suppositions sont claires d'elles-mêmes, j'en ai démontré la verité dans quelques endroits de cet ouvrage; ainsi je suis en droit de les supposer & de les regarder comme autant de principes qu'on ne peut revoquer en doute. J'ai encore droit de regarder comme incontestables toutes les consequences qui suivent necessairement de ces principes.

Ainsi, comme l'on en conclut naturellement; que s'il se fait dans le cerveau des enfans le même mouvement que dans le cerveau de ceux qu'ils entendent parler, leur langue doit se mouvoir de la même maniere, & qu'ils doivent repeter les termes qu'ils entendent prononcer.

Je n'ai qu'à prouver que les termes qu'on prononce devant un enfant gravent dans son cerveau des traces semblables à celles qui sont empreintes dans le cerveau de celui qui les profere : car si cela est ainsi, il est clair que les enfans doivent repeter les paroles qu'ils entendent dire.

Or cette preuve n'est pas difficile, c'est un fait dont l'experience nous convaint tous les jours : les enfans repetent pour l'ordinaire ce qu'ils entendent dire ; & non seulement les enfans, mais encore les hommes faits, dont la plûpart siflent ou chantent sans y penser, lors qu'ils entendent chanter ou sifler.

Qu'on ne dise point que c'est ici

un cercle vicieux par lequel je prouve ce qui eſt en queſtion, en ſuppoſant ce qui eſt en queſtion : car cette imitation eſt un fait conſtant dont il faut rendre raiſon. Il eſt certain qu'elle ſuppoſe dans la langue & dans le cerveau de celui qui imite, des mouvemens ſemblables à ceux qui ſe font dans la langue & dans le cerveau de celui qui eſt imité ; & par conſequent l'on eſt contraint d'avouër que les paroles qu'on prononce devant un enfant gravent dans ſon cerveau des traces ſemblables à celles qui ſont empreintes dans le cerveau de celui qui parle.

Cette imitation établie, il ne reſte plus aucune difficulté ſur la maniere dont les enfans apprennent à parler ; car l'on découvre ſans peine la raiſon pourquoy ils apprennent à prononcer les paroles dans le temps même qu'ils en apprennent la ſignification.

L'on voit encore pourquoy les

enfans prononcent les termes de la même maniere qu'ils les entendent prononcer ; & que non seulement ils apprennent leur langue naturelle, mais encore pourquoi ils succent, pour ainsi dire, avec le lait l'accent de leur patrie. Enfin il n'est point de phenomene qui regarde la prononciation qu'on n'ex[illegible]e sans peine par ce principe.

Il faut pourtant remarquer que cette prononciation coûte beaucoup aux enfans, & qu'ils ont besoin d'étude & d'application pour s'en faciliter l'usage. En effet les enfans défigurent presque toutes les paroles qu'ils proferent, ils se font d'abord un langage intelligible à tout le reste des hommes, & leur langue ne se dénouë qu'aprés un espace de temps considerable. Et la raison en est claire, c'est que l'entrée des nerfs qui s'y distribuënt n'est pas encore assez aisée, ni les fibres musculeules de cette partie assez flexibles pour former toutes sortes de sons: semblables en cela à ceux qui apprennent à danser ou à jouër de quelque instrument; lesquels ne peuvent sur le champ executer ce que les maîtres leur montrent, & ne se rendent habiles que par l'exercice & l'usage.

CHAPITRE IX.

DE LA MEMOIRE.

NOUS avons parlé de la memoire dans le cinquiéme chapitre de ce traité, mais nous l'avons fait d'une maniere fort abregée: c'est ici le lieu de retoucher ce qu'on a dit en cet endroit, & d'appliquer à quelques exemples les principes que nous y avons proposé.

Nous prouverons donc que quelque vaste & quelque étenduë que soit la memoire des hommes, elle ne se forme & ne subsiste que par les traces qui sont gravées dans le cerveau ; nous prouverons, dis-je, que c'est par le moyen de ces traces que nous nous rappellons la grandeur, la figure, le mouvement, le son, le goût, & les autres qualitez des corps qui ont frapé nos sens ; que c'est par elles que nous nous ressouvenons des tems, des lieux, & de toutes les circonstances que nous avons remarquées ; que c'est enfin ces traces qui font revivre nos reflexions, nos desirs, nos esperances, nos doutes, nos irresolutions ; en un mot toutes les pensées de notre esprit, & tous les mouvemens de notre cœur.

Pour remplir notre dessein, nous n'avons qu'à montrer deux choses ; l'une que tout ce que notre esprit apperçoit, il l'apperçoit par l'ébranlement des fibres du cerveau, ou ce qui est la même chose, par les traces qui s'y impriment : l'autre que les traces qui font gravées dans le cerveau doivent se reveiller en certaines occasions, & par consequent representer à l'esprit ce qu'il a apperçû autrefois.

Nous avons demontré la premiere de ces propositions dans le 3. chapitre de ce livre, où nous avons prouvé que nous ne pensons qu'en consequence de l'ébranlement des fibres du cerveau, ainsi le fait est certain ; & la difficulté qui reste ne roule que sur la maniere.

Or cette maniere n'est pas difficile à trouver pour ce qui regarde les corps qui agissent sur nos sens : car comme nous avons dit plus haut, ils ébranlent les nerfs qui se distribuënt dans les organes, & en repoussant les esprits animaux vers le cerveau, ils en ébranlent & flechissent les fibres, y impriment leurs caracteres, & y gravent leurs images que l'esprit apperçoit & contemple.

La maniere dont nos pensées & nos reflexions s'impriment dans notre memoire ne paroit pas si clairement : car comme ce sont des actions de l'esprit, & que l'esprit par lui-même n'agit point sur les corps, il est visible qu'elles ne causent aucun ébranlement dans les fibres du cerveau, & par consequent qu'elles n'y gravent aucune trace. Il faut donc chercher ailleurs la cause qui les imprime dans notre memoire, & les traces qui les representent à notre esprit.

Nous remarquerons donc 1°. qu'il n'est pas besoin de reflexion pour connoître ce qu'on pense ; puisque penser n'est autre chose que connoître ce qu'on pense.

Nous remarquerons 2°. que pour nous ressouvenir de ce que nous avons pensé, il n'est pas necessaire que nos pensées gravent des traces dans le cerveau, & que pour produire cet effet il suffit qu'il se

fasse

faſſe dans le cerveau des mouvemens ſemblables à ceux qui ont excité nos premieres penſées. Car dans cette occaſion il eſt viſible que ces mêmes objets doivent ſe repreſenter à l'eſprit, ou ce qui eſt la même choſe, nous devons nous rappeller nos premieres penſées. Ainſi toute la difficulté ſe diſſipe par les remarques, & il n'eſt point de phenomene qui regarde la memoire de nos penſées qu'on ne puiſſe expliquer par les principes que nous avons propoſez.

Le doute, par exemple, eſt une penſée de l'eſprit, qui comme nous avons dit ailleurs, demeure en ſuſpens ſans porter de jugement certain, ni ſe déterminer entre les divers objets qui ſe preſentent à l'imagination. Ainſi il eſt certain qu'il n'ébranle pas les fibres du cerveau, & qu'il n'y imprime point de traces : Mais comme l'eſprit n'eſt en doute qu'à l'occaſion des traces qui ſe trouvent gravées dans le cerveau, il est visible, que si ces traces viennent à se reveiller elles representeront à l'esprit le doute dont il étoit agité, & par consequent qu'on se ressouviendra que l'on a douté.

Appliquez ce que l'on vient de dire du doute, aux mouvemens de notre volonté ; & vous verrez que quoique ces mouvemens ne gravent point de traces dans le cerveau, cependant comme ils sont toûjours des suites des idées de l'entendement, & que ces idées son: unies & dependantes des traces qui s'impriment dans les fibres du cerveau, il est visible que les mouvemens de notre volonté en dépendent aussi en quelque maniere ; & par consequent si les mêmes traces viennent à se reveiller, elles doivent representer à l'esprit & les idées qui l'ont autrefois éclairé & les mouvemens de la volonté qui en ont été les suites, & l'on doit se ressouvenir de ce qu'on a voulu, ou ce qui est la même chose, des passions dont on fut agité.

Voilà la premiere de nos propositions prouvée ; tâchons d'éclaircir la seconde, & de prouver que les traces qui sont gravées dans le cerveau doivent se reveiller en certaines occasions.

Pour cela il n'y a qu'à découvrir les causes qui sont capables de produire cet effet, elles sont faciles à trouver : il suffit pour cela que les esprits animaux soient poussez dans l'endroit où ces traces sont gravées : car il est visible que dans cette occasion les esprits doivent se mouvoir dans ces traces, les reveiller & representer à l'esprit les objets qui y sont gravez.

Ainsi toutes les causes qui repousseront les esprits vers le cerveau, comme les impressions des sens, & les mouvemens qui se feront dans la machine, par lesquels les nerfs seront éblanlez, produiront cet effet par une neceſſité mechanique. Il ne reſte donc plus que d'en faire l'application à quelques exemples.

Suppoſons donc qu'en voyant une belle femme un homme en devienne amoureux, que ſes yeux ſoient agreablement ſurpris, & que ſon cœur en ſoit ſenſiblement touché; il eſt certain que dans cette occaſion l'éclat de ſon teint, la douceur ou la vivacité de ſes yeux, la regularité de ſes traits, la majeſté de ſon port, l'agrément de ſes actions, & ce charme qui eſt repandu dans toute ſa perſonne font des impreſſions tres vives dans ſon eſprit, & gravent dans ſon cerveau des traces auſſi profondes que la bleſſure de ſon cœur.

Il eſt certain encore que ces traces doivent s'unir avec celles qui repreſentent le lieu où il l'a vûë, les perſonnes qui étoient avec elle, & le reſte des circonſtances dont la perte de ſa liberté vient d'estre suivie ; & par consequent il est visible que si quelqu'une de ces traces vient à se reveiller, les autres doivent se reveiller aussi par une necessité mechanique.

Supposons donc qu'il repasse par le même endroit, ou qu'il rencontre quelqu'une de ses compagnes; il est visible, dis-je, que dans ces occasions l'idée de ces objets ne doit pas se reveiller toute seule, mais elle doit reveiller encore les traces qui sont unies avec elle : ainsi il doit se ressouvenir non seulement qu'il a passé par cet endroit, ou qu'il a vû la personne qu'il rencontre ; mais il doit encore se representer l'objet de son amour avec tous ses attraits, les discours qu'il a entendus, l'admiration dont il a été saisi, & tous les mouvemens qu'il a éprouvez

Par la même raison si l'on repasse par un endroit où l'on ait couru quelque danger, nous devons nous rappeller & le danger que nous avons couru, & ses causes & les circonstances qui l'ont accompagné, & les passions qui nous ont agité; parce que ces idées étant unies dans le cerveau à mesure que l'une vient à se reveiller, le cours des esprits animaux reveille les autres par une necessité mechanique.

Si le Lecteur veut prendre la peine de faire de semblables applications sur d'autres sujets, il découvrira facilement la raison pourquoy il se remet si facilement les principales actions de sa vie, leurs liaisons, & les circonstances dont elles ont été suivies; en un mot il n'est point de phenomene qui regarde la memoire qu'il n'explique sans peine.

Pour achever en peu de mots tout ce qu'il est necessaire de sçavoir sur cette matiere, il ne reste plus qu'à découvrir les causes de la diversité qu'on remarque dans la memoire des hommes, soit par rapport à l'âge, soit par rapport au temperament, soit par rapport aux divers caracteres de l'esprit.

Mais tout cela est bien facile, pour peu qu'on entende ce principe, que nous ne nous ressouvenons que de ce qui est gravé dans le cerveau, & que les traces qui sont superficielles s'effacent facilement, & que celles qui sont profondes se conservent pendant long temps.

Car l'on void d'abord qu'une suite naturelle de ce principe c'est que les objets extraordinaires & ceux qui animent les passions doivent se graver profondément dans la memoire, & que l'on doit oublier facilement ce qui est indifferent ou qui n'excite pas notre attention; ce qui est conforme à l'experience.

C'est encore une suite de ce principe, que si à l'occasion du temperament l'un prend feu sur une chose que l'autre regarde avec indifference, l'un doit l'oublier sans peine, & l'autre en conserver longtemps la memoire, puisque dans l'un les traces sont profondes, & qu'elles sont superficielles dans l'autre. Par la même raison les enfans doivent apprendre plus facilement que les hommes faits, parce que les fibres de leur cerveau sont plus flexibles; & que les images des objets s'y impriment plus facilement; ils doivent aussi oublier plus vîte, parce que les nouvelles idées qui s'impriment dans leur cerveau effacent les premieres, &c.

CHAPITRE X.

DE L'IMAGINATION.

IL y a fort peu de difference entre la memoire & l'imaginaion : elle ne consiste qu'en ce que es images sont plus vives dans l'imagination que dans la memoire, & que l'imagination regarde plûtôt

tôt le present & l'avenir que le passé : au lieu que la memoire ne considere que le passé sans porter ses vûës dans l'avenir.

Le principe en est aussi le même: car les traces qui sont gravées dans le cerveau, lesquelles comme nous l'avons fait voir, sont le principe de la memoire, sont aussi le principe de l'imagination.

Lors que ces traces se reveillent d'une maniere tranquille, & qu'elles nous representent les objets qui ont frapé nos sens, sans émouvoir nos passions, & sans detourner notre esprit de l'attention qu'il doit porter aux objets qui agissent sur nos organes, c'est ce qu'on appelle memoire; mais lors que ces traces sont presque aussi vivement ébranlées que si l'objet étoit present, on l'appelle imagination: ainsi la memoire & l'imagination ne different entr'elles que par la vivacité de l'impression.

Or cette diversité procede ou de

la nature des traces qui ſont plus ou moins profondes, ou de la maniere dont les eſprits animaux y ſont pouſſez, ou de la diverſe tenſion des organes, ou pour mieux dire de ces trois cauſes enſemble.

Lors que les traces ſont fort profondes, elles ſont naturellement fort flexibles ; & par conſequent les eſprits animaux qui ſont pouſſez avec quelque force dans ces traces, les ébranlent fortement & cauſent par conſequent une vive impreſſion : en quoi conſiſte l'imagination. C'eſt par cette raiſon que ceux qui ſont agitez de quelque paſſion violente d'amour, de haine, de colere, &c. & ceux qui ſont naturellement rêveurs & diſtraits, ont l'imagination beaucoup plus vive que les autres ; & que ceux qui ſont atteints de cette eſpece de folie que nous appellons mélancolie, l'ont ſi forte, qu'ils ſont abſolument incapables de faire attention aux objets qui frapent leurs ſens, & qu'ils rapportent tout à l'objet de leur folie.

Par une raiſon contraire lors que les traces du cerveau ſont plus ſuperficielles, & que les eſprits les ébranlent foiblement, notre attention eſt partagée entre les objets qu'elles nous repreſentent, & les objets qui frapent nos ſens ; & dans cet état nous connoiſſons parfaitement & la preſence des uns & l'abſence des autres, en quoi conſiſte la memoire.

Il eſt aiſé de ſe convaincre que la memoire conſiſte dans cette attention partagée, ſi l'on conſidere que les images qui nous frapent pendant le ſommeil ſont un pur effet de l'imagination, & qu'elles nous paroiſſent toujours preſentes; parceque nos ſens étant aſſoupis, & ne preſentant point par conſequent de nouvelles idées à l'eſprit, il ne s'occupe que de celles que l'imagination lui ſuggere, au lieu que pendant la veille l'esprit sans cesse averti par l'ébranlement des sens découvre sans peine l'erreur de l'imagination.

CHAPITRE XI.

DES PREJUGEZ.

LES traces qui sont gravées dans le cerveau ne sont pas seulement les principes de la memoire, & de l'imagination, elles sont encore le principe & la source de tous nos jugemens, de tous nos raisonnemens, de toutes nos connoissances, & de toutes nos passions : sans le secours de ces traces nous resterions toûjours dans une ignorance profonde : nous ne ferions aucune reflexion, parce que nos reflexions supposent nos connoissances, l'experience ne serviroit point à augmenter nos lumieres ; & quoique nos sens soient à tous momens frapez par un nombre presqu'infini d'objets, nous n'en deviendrions jamais plus habiles.

Enfin notre esprit seroit toûjours dans le même état que lors qu'il a vû pour la premiere fois la lumiere dn jour, & toûjours enseveli dans les mêmes tenebres.

C'est ce que nous avons prouvé en partie dans les chapitres precedens, & que nous acheverons de démontrer dans la suite de ce traité.

Mais ce chapitre sera principalement employé à rechercher les causes de cette facilité que nous contractons avec l'âge, de juger de toute sorte de matiere, & à expliquer la maniere dont ces causes agissent.

Je crois que nous pouvons reduire ces causes à trois principales, 1. aux impressions que les objets font sur nos sens : 2. aux mouvemens qu'ils excitent dans notre volonté, c'est-à-dire, à nos passions : 3. à l'instruction & au commerce de ceux avec qui l'on est obligé de vivre.

Nous ne pouvons pas douter que ce ne ſoit par les impreſſions des ſens reiterées, que nous apprenons à connoître les corps qui agiſſent ſur le nôtre, & leurs proprietez que nous avons autrefois aperçûës, puiſque c'eſt par l'experience que nous avons acquiſe que nous les diſtinguons facilement les uns des autres, & que nous en jugeons diſtinctement, quoiqu'ils ne frapent nos ſens que d'une maniere confuſe. C'eſt par là que nous diſtinguons ſans peine les eſpeces d'animaux que nous ſommes accoûtumez de voir, que nous diſtinguons de loin ceux qui nous appartiennent, & que nous connoiſſons nos amis à leurs habits, à leur démarche, & à la moindre de leurs actions.

Nous ne pouvons pas douter non plus que nos paſſions n'entraînent notre jugement, & ne le forcent, pour ainſi dire, de ſe declarer en leur faveur: car nous experimentons tous les jours que la haine empoisonne tout, que les presens & les services offensent, lors qu'on les reçoit d'une main odieuse, & que tout plaît dans les amis, même les défauts & les vices.

Mævio placet polipus agnæ.

L'esprit est torjours la dupe du cœur.

Mais l'instruction & l'exemple n'ont pas moins d'empire sur l'esprit humain, ils décident si souverainement de la plûpart des choses, qu'il semble qu'il est forcé de les suivre, & qu'il lui est impossible de resister au torrent qui l'entraîne.

Il n'est pas besoin de raisonnement pour nous en convaincre, il suffit d'en croire à nos yeux. Nous voyons, dis-je, que c'est l'exemple qui regle presque tous nos jugemens & presque toutes nos actions, l'heure de nos repas, le choix des alimens, la maniere de vivre & de converser avec nos amis.

C'est par là que la multitude juge des beautez des pieces d'esprit : quelques-uns décident, & tout le reste en juge sur leur décision.

C'est à l'exemple qu'on doit attribuer cette attache que tous les hommes ont pour les loix, & les coûtumes de leur patrie, qui est telle qu'ils regardent comme injuste ou comme ridicule, tout ce qui les choque, ou ce qui y est contraire.

De là vient qu'en Turquie on reçoit le monde sur des tapis & que chacun suit & approuve cette coûtume, & qu'on traiteroit d'extravagant celui qui pretendroit la suivre en Europe.

De là vient qu'en Espagne les femmes sont renfermées & qu'elles souffrent presque sans peine cette retraite qui paroît en France un esclavage insuportable.

C'est de là enfin que procedent tant d'actes de vertu dans les communautez reglées, & tant de desordre & de relâchement dans celles qui ont degeneré de l'esprit de leurs premiers peres.

Que si nous cherchons encore des preuves plus éclatantes de la force de l'instruction, & de l'exemple, nous n'avons qu'à considerer ces peuples qui ont été pendant long-temps la terreur & l'admiration de l'univers, & nous verrons que tandis que les Romains s'inspiroient mutuellement l'amour de la gloire & de la patrie, ils ont été animez d'un courage invincible, ils ont dompté tout ce qui s'est opposé à leur puissance, & se sont établis le plus vaste & le plus florissant Empire qui fût jamais. Se sont-ils amolis dans les delices, leur courage s'abat, leur empire est détruit, & les nations qui trembloient au seul nom des Romains, les considerent comme les plus foibles & les plus lâches de tous les hommes.

Nous n'avons qu'à considerer les combats des anciens Grecs & des Perses, dans lesquels une poignée des premiers a souvent détruit des armées innombrables des autres: car si nous en cherchons la raison, nous verrons que les uns instruits dans la vertu & animez par d'illustres exemples. étoient avides de gloire & passionnez pour la liberté, & que les autres élevez dans la molesse ne combattoient que par complaisance ou par un vil interêt.

Nous n'avons enfin qu'à considerer les revolutions qui ont precedé la chûte de l'Empire des Grecs d'aujourd'huy, pour y trouver encore des preuves fameuses mais détestables de la force de l'exemple: nous y verrons des scelerats s'élever sur la ruine de leurs Souverains legitimes, montrer le chemin à d'autres scelerats de monter au faiste des grandeurs sur leurs propres ruines, pour en destendre avec la même précipitation & par le même chemin. Nous verrons, dis-je, revolutions sur revolutions, revoltes sur revoltes renaître de leurs propres cendres, & s'ensevelir enfin sous les ruines, & pour ainsi dire, dans le tombeau de l'Empire.

Aprés avoir prouvé par la consideration des faits que nos sens, nos passions, l'instruction & l'exemple, sont les principes & les sources de nos jugemens ; il est necessaire d'expliquer la maniere dont ces causes agissent, & comment elles nous procurent cette facilité que nous acquerons avec l'âge de juger d'une infinité des choses: or cela est bien facile, c'est une suite des principes que nous avons établis, lors que nous avons parlé des premiers jugemens des hommes : car nous avons prouvé que lors que quelqu'une des traces qui sont gravées dans le cerveau vient à se reveiller, celles qui y sont unies se reveillent aussi pa une necessité mechanique, & cel d'autant plus facilement que ce traces sont plus profondes, & qu l'union en est plus étroite.

D'où il suit que les jugemen que nos passions, le rapport de sens, l'éducation ou l'exempl nous ont obligé de faire doivent s reveiller d'autant plus facilemen qu'ils ont été plus souvent reiterez, parce que les traces qui les representent à l'esprit se renden de jour en jour plus profondes, ainsi il est visible que lors qu'un objet dont on a souvent jugé se presente à l'imagination, l'esprit en doit juger selon les prejugez c'est à dire, qu'il en doit porter le même jugement qu'il en a porté autrefois; car le terme de préjugé qui dans l'usage ordinaire est souvent pris en mauvaise part, est pris ici dans une signification plus étenduë, & signifie toute sorte de jugement qu'on est accoutumé de faire, soit u'il soit vrai, soit qu'il soit faux.

C'est dans ces préjugez que onsistent nos connoissances aussi ien que nos erreurs, il seront toûurs la regle de nos jugemens & on gré, malgré que nous en ayons eit par eux que nous deciderons oûjours, nous nous en servons sans ous en apperçevoir lors même ue nous voulons les rejetter ; en n mot il est impossible de s'en défaire & le demander aux hommes 'est leur demander qu'ils rentrent ans le neant, c'est vouloir les bliger à renaître: ce n'est pas que ous nos préjugez soient égalenent gravez dans notre esprit : il n est de forts, il en est de foibles ; il n est de necessaires il en est d'acidentels ; il en est de generaux ont tous les hommes sont conaincus, il en est de particuliers ue quelqu'uns approuvent & que es autres rejettent.

Parmi les préjugez generaux necessaires, inévitables l'on doit ranger les veritez claires & éviden-tes par elles-mêmes comm[e] sont les premiers principes de[s] Mathematiques; par exemple, l[e] tout est plus grand que sa partie.

Deux mesures égales à une troi-siéme sont égales entre elles.

Deux forces égales doivent res-ter en équilibre

Et la combinaison des nombre[s] que l'esprit conçoit sur le cham[p] comme deux & deux sont quatre.

Ce sont des veritez dont tous les hommes sont convaincus, parc[e] qu'elles sont l'effet d'une impres-sion claire & distincte & toûjours uniforme: car s'ils considerent un tout & ses parties ils le voyent toûjours plus grand qu'aucune de ses parties. Ainsi que le tout soit plus grand qu'une de ses parties c'est une verité qu'ils voyent & qu'ils sentent, & par consequen[t] il leur est impossible de n'en être pas persuadez.

Pour ce qui est des préjugez

particuliers accidentels, & douteux ils dérivent de la diversité, de l'éducation, des organes, des temperamens & des passions des hommes, & de la diversité des impressions que les objets font sur eux : car comme tous nos jugemens sont des suites des traces qui se forment dans le cerveau, il est sensible que si l'on inspire aux hommes des sentimens opposez, & si les objets font sur eux des impressions diverses, il doit se former diverses traces dans leur cerveau, & que par consequent ils en doivent porter des jugemens opposez

Tout ce que je viens de dire dans ce chapitre est sensible & évident par lui-même ; ainsi je ne crois pas qu'il soit necessaire de le confirmer par des exemples, mais je prie le Lecteur de s'en ressouvenir, parce que ce sont des principes qui seront d'un grand usage dans les chapitres suivans.

CHAPITRE XII.

L'on explique comment les enfans apprennent a raisonner.

SUPPOSE' les principes que nous avons établi dans les chapitres precedents, il eſt facile d'expliquer comment les enfans croiſſent en prudence à meſure qu'ils avancent en âge : car comme il ſe grave journellement quantité d'idées dans leur cerveau, que leur memoire ſe remplit d'une infinité de connoiſſances, que mille & mille préjugez s'impriment dans leur eſprit, & que ces idées, & ces préjugez s'uniſſent & ſe diſtinguent journellement ſelon qu'ils ont entre eux de l'oppoſition ou de l'analogie : il ſuit neceſſairement que la raiſon, ou ce qui eſt la même choſe, que le jugement des enfans doit ſe fortifier à meſure qu'ils avancent en âge :

car comme ce qu'on appelle raison ne consiste que dans l'enchainure de nos connoissances, & la liaison des préjugez qui sont unis dans notre esprit, il est visible qu'elle doit se former insensiblement, puisque leurs idées & leurs préjugez s'unissent journellement ensemble.

L'experience confirme ce que la raison nons démontre : car si nous prenons la peine de considerer un enfant, & d'examiner de quelle maniere sa raison se forme & se fortifie, nous verrons que tandis qu'il est dans le berceau son jugement est foible ; il est, pour ainsi dire, reserré dans les langes qui l'envelopent, les nuages, qui le couvrent se dissipent insensiblement, c'est-à-dire, à mesure que son esprit se remplit de nouvelles idées & de nouveaux préjugez: car de même que dans le jour naturel le Soleil ne paroît sur l'horison qu'aprés que l'aurore a difpé les tenebres de la nuit, de même dans le jour de l'entendement la raiſon qui en eſt le Soleil, ne répand ſa lumiere ſur l'eſprit humain qu'aprés que les préjugez qui en ſont le crepuſcule & l'aurore, ont diſſipé les tenebres de ſon ignorance.

Les objets qui frapent les yeux des enfans ou qui agiſſent ſur leurs organes, peignent leurs images dans leur cerveau. Ils en jugent à tous momens par une neceſſité mechanique; la plûpart des jugemens qu'ils en portent, ſont ſi ſouvent reïterez, qu'ils ſe gravent profondement dans leur memoire, & ſe reveillent par conſequent avec une facilité extraordinaire, ce qui eſt le caractere des préjugez de l'eſprit humain: ces préjugez s'uniſſent, & ſe diſtinguent entre eux, de même que les idées ſimples, & il ſe forme dans le cerveau des traces contiguës de pluſieurs jugemens. De là vient qu'-

ils se reveillent ensemble, & que l'esprit se les represente presque dans le même instant ; ce qui est le principe & la cause de la raison, puisque le raisonnement, comme nous avons dit plus haut, ne consiste que dans l'enchaînement de plusieurs raisons, c'est-à-dire, de plusieurs jugemens qui sont unis & liez ensemble.

Mais cette liaison des jugemens ne peut se faire que dans un espace de temps considerable : car il est necessaire que les sens ayent souffert l'impression d'une infinité d'objets, que l'esprit soit rempli d'une infinité de préjugez, que mille & mille traces soient empreintes dans le cerveau, & que les esprits animaux en passant & repassant de l'une à l'autre en ayent rendu la communication facile.

Ainsi il n'y a pas lieu de s'étonner que le jugement des enfans reste si long-temps à se former, & que les étincelles de raison qu'on apperçoit dans leurs premieres années, ne ſoient que de foibles lueurs qui ſe diſſipent, & des feux folets qui diſparoiſſent dans un moment.

Leurs connoiſſances augmentent à meſure qu'ils avancent en âge, parce que leur eſprit ſe remplit de nouvelles idées, & que le nœud qui les lie ſe rend toûjours plus ferme & plus ſolide.

Ainſi au lieu que dans leurs premieres années leurs diſcours étoient ſans ſuite & ſans liaiſon, dans un âge plus avancé, ils tirent des conſequences des principes qu'ils ont dans l'eſprit, ils éclairciſſent des propoſitions obſcures par des raiſons claires & évidentes; en un mot ils font des raiſonnemens étendus ſur diverſes matieres. Et la raiſon en eſt facile, & ſe tire aiſément de ce que nous venons de dire: car ſuppoſé que l'eſprit ſoit rempli d'idées & de préjugez: & que ces idées & ces préjugez soient unis ensemble, il est visible que lors que les esprits animaux ébranlent les traces qui representent quelques-uns de ces prejugez, le mouvement des mêmes esprits animaux doit reveiller aussi les traces contiguës des préjugez qui y sont unis, & former le raisonnement par une necessité mechanique.

Il est visible 2°. que les raisonnemens doivent être plus ou moins étendus, selon que l'esprit est plus ou moins rempli de préjugez sur la matiere que l'on examine. C'est pour cette raison que le matelot ne tarit point sur les tempêtes & les orages de la mer; le laboureur sur l'esperance de la moisson, le marchand sur son commerce, le soldat sur son métier, & le courtisan sur la science du monde & de la Cour.

Il est visible, dis-je, que cela doit être ainsi, puisque leur interêt, leur devoir & leur inclination les portant sans cesse à mediter sur tout ce qui a quelque rapport avec leur profession, il se grave dans leur cerveau une infinité de reflexions & de jugemens, qui venant à se reveiller successivement, font l'étenduë du raisonnement ; au lieu que ceux qui sont peu versez sur ces sortes de matieres, ne peuvent qu'être secs & steriles, lors qu'ils y pensent ou qu'ils en parlent.

De là il suit necessairement qu'on a l'esprit d'autant plus vaste & plus étendu qu'il est rempli d'un plus grand nombre d'idées & de reflexions ; & qu'il est d'autant plus borné que les idées & les reflexions qui y sont empreintes, sont en plus petit nombre.

Ainsi comme l'étude des sciences remplit l'esprit d'une infinité de connoissances, il est évident que ceux qui s'y appliquent, doivent avoir l'esprit plus étendu que ceux qui les negligent.

Ce n'eſt pas que tout ce qu'on appelle ſcience contribuë à former la raiſon ; car de même qu'il eſt une eſpece de ſcience qui rend l'homme plus humble & plus religieux, & qu'il en eſt une autre qui le rend impie & ſuperbe ; il eſt de même une ſorte de ſcience qui éclaire l'eſprit & qui fortifie la raiſon, & il en eſt une autre qui le remplit de tenebres, & qui pour ainſi dire, obſcurcit toutes les lumieres du ſens commun.

Tel eſt par exemple le langage de quelques écoles, auſſi obſcur à ceux qui le parlent qu'à ceux qui l'écoutent ; & tel eſt le pirrhoniſme introduit de nos jours en medecine, qui abandonnant la voye royale de la nature, n'a point d'autre regle que les caprices d'une imagination fantaſque & bizarre.

Au reſte quoique ceux qui ſont habiles dans les ſciences comme la Phyſique, les Mathematiques, la Theologie, raiſonnent incomparablement plus juste de l'objet de ces sciences que ceux qui ne les ont pas étudiées ; ils n'ont pas sur eux un avantage considerable sur les matieres qui n'ont pas un rapport essentiel avec elles : les plus éclairez d'entr'eux sont souvent peu habiles dans la science du monde, & peu propres pour le commerce de la vie civile. Ce n'est pas que ces sciences y nuisent en effet, mais c'est que l'esprit des hommes est si borné, qu'à mesure qu'il considere attentivement un objet & qu'il s'y applique, il faut necessairement qu'il néglige les autres.

CHAPITRE XIII.

Des divers Caracteres de l'esprit de l'homme.

PARMI les préjugez dont l'esprit des hommes se remplit pendant le cours de la vie, il y en a qui ſont communs à tous les hommes, & de particuliers qui ſont propres à certaines nations, à certains âges, à certaines conditions, & à chaque homme en particulier: ainſi il eſt viſible qu'il eſt certaines choſes ſur leſquelles tous les hommes doivent raiſonner à peu prés de la même maniere, & qu'il en eſt d'autres dont tout un peuple, ceux du même âge, ceux qui ont embraſſé la même profeſſion doivent porter le même jugement, pendant que les autres nations, ou ceux qui ſont dans un âge ou d'une profeſſion differente en jugent d'une maniere entierement oppoſée: ce qui eſt conforme à l'experience. Ainſi il y a une raiſon generale & commune à tous les hommes, & c'eſt ce qu'on appelle le ſens commun, & une raiſon particuliere propre à certains peuples, à certains âges, à certains emplois, & propre enfin à chaque homme en particulier.

2°. Parmi ces prejugez il y en'a de vrais & de faux, de clairs & d'obſcurs, de ſolides & de douteux ; les paſſions, l'éducation, les impreſſions des ſens qui en ſont les ſources ; & les occaſions qui en font liaiſons, ſont preſque infinies. Ainſi il eſt encore viſible que de la maniere dont nos raiſonnemens ſe forment, ils ne peuvent être qu'un mélange monſtrueux de verité & d'erreur, d'évidence & d'incertitude, de clarté & de confuſion, en un mot infiniment divers entre eux.

Que ſi cela eſt vrai des raiſonnemens de chaque homme en particulier, cette diverſité eſt encore plus ſenſible dans le raiſonnement des hommes en general. En effet les uns conçoivent clairement & diſtinctement la plûpart des choſes dont ils parlent ; les autres n'en ont que des idées obſcures & confuſes ; celui-ci eſt ferme & conſtant dans ſes opinions, celui-là en change à tous momens ; ceux-cy ont l'esprit rempli d'une infinité d'idées, de prejugez, de raisonnemens. Ils sçavent une infinité de choses ; mais ils les sçavent mal, tout est sans ordre & sans liaison dans leur esprit ; au lieu qu'on observe un ordre & une netteté admirable dans les pensées & dans les discours de quelques autres.

Toute cette varieté ne procede que de la diversité des traces qui sont gravées dans le cerveau, & de la diversité de leur arrangement.

Si les idées qui sont gravées dans le cerveau sont claires & distinctes, & si leur liaison est ferme & solide, l'esprit est net & rempli de lumiere ; au contraire si les idées sont obscures & confuses, & si elles sont sans ordre, & sans liaison, il y n'a que tenebres & que confusion dans l'esprit.

Des esprits clairs & solides les uns ne raisonnent que sur un petit nombre de principes, & les consequences, qu'ils en tirent ſont prochaines & immediates; & c'eſt ce qu'on appelle eſprits geometriques.

Les autres embraſſent un grand nombre de principes tout à la fois ils en penetrent d'une ſeule veüe toutes les conſequences; & c'eſt ce qu'on appelle des eſprits fins. Les premiers marchent plus ſeurement, la courſe des autres eſt plus legere; l'eſprit des uns eſt plus borné, celui des autres plus vaſte & plus étendu.

L'éducation, le temperament, les paſſions, & le hazard ſont les ſources de cette varieté. Ceux dont le mouvement des eſprits animaux eſt plus lent & plus tranquille, que leur inclination ou le hazard engage de conſiderer attentivement les matieres, ont l'eſprit geometrique; parce que les traces qui ont du raport entre elles, ſont étroitement unies enſemble.

Au lieu que ceux qui ont l'eſprit vif, c'eſt-à-dire, ceux dont les eſprits animaux ſont plus fluides & plus agitez, & dont le cerveau par conſequent ſe remplit d'un nombre preſque infini d'idées, pour peu que le hazard & l'éducation y contribuent, & qui outre cela font beaucoup de reflexions, ſont ce qu'on appelle des eſprits fins; parce que la vivacité de leur imagination leur ſuggere ſur le champ un grand nombre de principes & de conſequences, en quoi conſiſte la fineſſe & la penetration de l'eſprit.

J'ajoûte les reflexions à la vivacité de l'eſprit: car ſans cela ce caractere d'eſprit eſt bien plus éloigné du bon ſens que de la folie.

Lorſque les reflexions ſont moderées, & qu'elles ne détournent pas l'eſprit de l'attention qu'il doit prêter aux perſonnes qui parlent, ou aux objets qui frapent les sens, elles sont la source de la presence d'esprit.

Que si elles sont plus vives & plus profondes, l'imagination est vive, les raisonnemens profonds & suivis; mais l'esprit est pour l'ordinaire réveur & distrait; parce que continuellement occupé des images que l'imagination lui represente, il considere foiblement les objets qui frapent les sens, & fait peu d'attention à tout ce qu'on peut dire.

Pour ce qui regarde les tenebres, elles sont de diverses especes, & les causes en sont fort diverses. On peut cependant les reduire à quatre principales : 1. au petit nombre d'idées & de prejugez qui qui sont imprimez dans l'esprit : 2. à l'obscurité & à la confusion des idées : 3. au peu de suite & de liaisons qui est entre elles : 4. aux faux principes dont l'esprit est rempli & aux fausses consequences qu'il tire de ceux qui sont veritables.

Tout ce que nous avons dit dans ce traité, prouve & démontre que l'esprit humain ne raisonne qu'en consequence des impressions des sens, des idées & des prejugez qui sont gravez dans le cerveau. Ainsi il est visible que par la disette de ces idées, & de ces prejugez, l'esprit doit rester dans une ignorance profonde : & de là l'ignorance des enfans, faute d'impression ; & des stupides, parce que les objets ne font sur leur esprit que des impressions legeres, & qu'elles s'effacent facilement.

La 2. cause des tenebres de l'esprit humain c'est l'obscurité & la confusion des idées. Le défaut d'attention & de reflexion en est la source ordinaire: car comme les idées ne sont claires & distinctes qu'autant que l'esprit connoît les diverses faces des objets qu'il considere; par une raison contraire les idées sont obscures, lors qu'on fait peu de reflexion, & qu'on s'arrête aux premieres impressions des sens ; ou que negligeant de considerer exactement les matieres qu'on se propose d'examiner, on se fait une mauvaise habitude de se payer de termes qui ne signifient rien, & de parler un jargon qu'on ne comprend pas. Ce qui n'est que trop ordinaire à certains Philosophes, à qui l'art & l'étude ont gâté l'esprit & éteint les lumieres du sens commun.

La 3. cause c'est le peu de liaison qui se trouve entre les diverses idées, ou les divers prejugez de l'esprit ; & c'est ce qui arrive à ceux qui lisent beaucoup, & qui font peu de reflexion sur ce qu'ils lisent : car ils entassent dans leur memoire une multitude prodigieuse de faits & des raisonnemens directement opposez. D'où vient que tout étant mêlé & confondu dans leur esprit, l'on ne voit que desordre & que confusion dans leurs raisonnemens.

Ils commencent cent discours & n'en finissent point; ils courent de digression en digression : ils oublient toûjours ce qu'ils s'étoient proposé de dire; enfin ils doutent de tout, parce que leur esprit étant rempli d'opinions contraires sur toutes sortes de matieres, & ne pouvant distinguer la verité de l'erreur, ils les placent dans le même rang.

Ainsi, comme a dit un habile homme, ils n'ont point de serre pour se tenir ferme dans les veritez qu'ils sçavent; parce que c'est le hazard qui les y attache, & n'ont pas une solide lumiere.

Petrone qui connoissoit si bien les hommes nous en fournit un exemple, en faisant le caractere de Trimalcion. Mais il n'est pas necessaire d'en aller chercher si loin; notre siecle est fertile en originaux; & sans que je me mette en soin de les indiquer, le Lecteur en connoît sans doute de ce caractere,

L'on rencontre chaque jour des gens qui confondent le Mexique & le Japon, les Scipions & les Alcibiades, le siecle d'Auguste & le siege de Troye, qui ne sçavent ce que c'est que de faire la difference entre les contes des Fées, & les histoires les plus authentiques, entre l'Evangile & l'Alcoran, entre les démonstrations les plus sensibles & les conjectures les plus foibles.

La 4. cause des tenebres de l'esprit humain c'est les faux prejugez dont il est rempli, & les fausses consequences qu'il tire de ceux qui sont veritables ; & ce défaut n'est pas le défaut de quelques particuliers, c'est le défaut de tous les hommes ; & ce n'est que du plus au moins qu'on peut trouver quelque difference.

La verité & l'erreur coulent des mêmes sources, & se repandent dans notre esprit par les mêmes canaux : les impressions des sens & l'éducation qui sont les principes de nos connoissances, ne donnent pas toûjours à l'esprit une bonne nourriture, elles le repaissent souvent d'alimens nuisibles & dangereux: nous pensons quelquefois avoir trouvé la verité lors que la seule apparence nous seduit & nous abuse; & souvent nous croyons écouter la raison, que nous n'écoutons que nos interests, nos passions & nos caprices.

Il y a pourtant des regles pour connoître ces défauts, & pour les éviter: mais ce n'est pas ici le lieu de nous étendre sur cette matiere, nous en parlerons au long dans un autre traité, lors qu'il s'agira d'expliquer les principes de la certitude & les causes de nos erreurs.

Mais nous devons remarquer ici que tous nos projets & tous les moyens que nous employons pour les executer sont des suites de nos raisonnemens; car quoi que notre memoire ou notre imagination nous representent, nous ne formons aucun dessein que quelque motif ne nous détermine & que quelque raison vraye ou fausse, solide ou apparente ne nous fasse agir.

Nous devons remarquer 2°. que que notre raison étant bornée, sujette à l'erreur, toûjours obscure, & toûjours couverte de nuages, il n'y a pas lieu de s'étonner de ce que la prudence humaine est si fautive.

Nous devons remarquer 3°. que puisque notre raison dépend des traces qui sont gravées dans le cerveau & que ces traces sont des effets du hazard, des impressions des sens & de l'éducation, causes purement exterieures, & qui ne dépendent point de nous, nous n'avons pas lieu de nous enfler de nos foibles lumieres, ni d'insulter aux autres, s'il est vrai que que nous ayons quelque avantage sur eux.

Nous remarquerons enfin que ces traces qui sont les principes de la memoire & de la raison, peuvent s'éffacer aisément, que leur ordre & leur liaison peuvent s'alterer par mille causes diverses, & que par consequent il ne faut presque rien pour faire un insensé de l'homme du monde le plus sage.

CHAPITRE XIV.

DE LA PERSUASION.

SI les parties solides des hommes étoient parfaitement semblables, si le même sang couloit dans leurs veines, s'ils souffroient des sensations uniformes par l'impulsion des corps qui les environnent, si on leur inspiroit les mêmes sentimens, enfin s'il n'y avoit point de difference dans leur éducation, il est sensible par ce que nous avons dit dans les chapitres précedens, qu'ils seroient tous également habiles, qu'ils penseroient tous de la même maniere, & qu'on ne verroit point parmi eux de sentimens opposez; parce que les traces qui se forment dans leur cerveau, & par consequent les prejugez de leur esprit, & les raisonnemens qui en sont les suites naturelles, seroient parfaitement semblables.

Mais comme cette supposition est fausse en toutes ses parties, que les organes, les humeurs, l'éducation, & les temperamens des hommes sont divers, & que les impressions que les objets font sur eux sont infiniment diversifiées, il suit necessairement qu'on doit observer parmi eux une varieté prodigieuse d'opinions & de sentimens, puisque les traces qui s'impriment dans leur cerveau sont infiniment diverses.

Cette varieté de sentiment ne se trouve pas seulement dans les hommes en general, l'esprit de chacun des hommes en particulier est rempli d'une infinité d'opinions directement opposées ; nous admettons un grand nombre de principes qui se contredisent mutuellement, des consequences dont nous rejettons les principes, & des principes dont nous rejettons les consequences. Et la raison en est bien facile, c'est que les mêmes objets font sur nous des impressions diverses, & que les opinions des hommes dont le commerce nous instruit sans cesse, sont fort opposées.

Cette contradiction de nos prejugez est une des principales causes de l'incertitude, & de l'irresolution qui nous sont si naturelles ; la plùpart des disputes, des discours, & des entretiens des hommes roulent là-dessus & n'ont pour but que de se persuader, & de s'inspirer mutuellement les sentimens dont ils sont prevenus.

Or il s'agit ici d'expliquer la

maniere dont nous sortons de nos doutes, & de nos irresolutions, & celle dont nous persuadons ceux qui nous entendent, ce que je ne ferai pourtant que d'une maniere fort abregée, parce que je dois retoucher cette matiere dans un autre traité, où je ferai plusieurs reflexions sur la nature de l'esprit humain, & des expressions dont les hommes se servent pour expliquer leurs pensées, qui paroîtroient hors d'œuvre, si je les proposois dans ce chapitre.

Je dirai donc en peu de mots que lors que notre esprit est combattu par des prejugez opposez sur la même matiere, & que ces prejugez nous paroissent d'une égale force, nous sommes necessairement dans le doute & l'irresolution; que nous ne pouvons faire un choix & nous déterminer que lors que l'équilibre cesse, c'est à dire, lors que l'un de ces prejugez l'emporte sur l'autre, & que pour

pour lors nous nous déterminons toûjours pour celui qui nous frape davantage.

Je dis pour celui qui nous frape davantage, & non pas pour le plus clair & le plus solide, parce qu'il arrive souvent que nous abandonnons la verité pour suivre l'erreur ; que nous negligeons le corps & la realité pour nous attacher aux ombres & aux apparences, & que les raisons les plus foibles lors que notre esprit s'y applique fortement l'emportent sur les plus fortes & les plus solides que nous considerons avec peu d'attention. Cela suffit à present pour cet article: car outre que nous en parlerons ailleurs plus au long, ce que nous allons dire de la persuasion dissipera les principales difficultez qui peuvent rester sur cette matiere.

Ainsi ce qui nous reste à faire, c'est d'expliquer la maniere dont nous inspirons à ceux qui nous écoutent les ſentimens dont nous ſommes prevenus.

Pour cela il eſt bon de remarquer que ceux qui nous entendent, peuvent être dans des diſpoſitions tres opposées à notre égard.

Les uns n'ont aucune connoiſſance de la matiere dont nous les entretenons, & n'ont aucun prejugé dans l'eſprit qui ſoit contraire au ſentiment que nous tâchons de leur inſpirer.

Les autres ſont prevenus en notre faveur & les prejugez dont leur eſprit eſt rempli, les portent à embraſſer notre opinion, & à ſe ranger à notre avis.

Il en eſt enfin qui ſont naturellement portez à rejetter ce que nous leur propoſons, parce qu'il eſt contraire aux prejugez de leur cœur & de leur eſprit.

Les premiers & les ſeconds ſont aiſez à perſuader, il n'eſt pas beſoin de raiſon pour les convaincre ; il ſuffit de leur expoſer ce qu'on pense, ils entrent dabord dans notre sentiment.

Il n'en est pas de même des autres, les meilleures raisons sont foibles, les démonstrations les plus sensibles ne sont à leur égard que des vaines conjectures ; & souvent ce qui paroît évident & incontestable à tous les autres ne fait pas la moindre impression sur leur esprit.

Entrons en quelque détail pour rendre ceci plus sensible.

Il est certain que lorsque l'auditeur est prevenu en faveur de celui qui parle, qu'il ignore la matiere dont il entend parler, & qu'il souhaite d'apprendre, il est facile à persuader ; les enfans par exemple par leurs nourrices, les disciples par leurs maîtres, & generalement tous les hommes par ceux dont ils estiment la bonne foy & les lumieres, pourvû que ce qu'ils leur proposent ne choque point leurs prejugez & leur prévention. Et la raison pourquoy nous sommes si credules, c'est que la plûpart des choses que nous sçavons, nous les avons apprises par l'instruction & le commerce des hommes.

Il faut pourtant excepter les vieillards de cette regle ; ils sont peu credules pour l'ordinaire, parce qu'ils ont été souvent trompez, & qu'ils ont reconnu que la plûpart des hommes se plaisent à parler d'une matiere décisive, non seulement de ce qu'ils sçavent, mais encore de ce qu'ils ignorent, ou qu'ils ne connoissent que fort imparfaitement, & qu'il en est plusieurs parmi eux qui ne s'étudient qu'à cacher leurs sentimens, dont le cœur contredit sans cesse la bouche, & qui parlent bien moins selon leurs lumières que selon leurs interests, leurs passions & leurs caprices.

Il n'est pas difficile non plus de trouver la raison pourquoy l'on persuade si facilement ses auditeurs lors qu'on leur parle conformement à leurs préjugez, & à leur prevention : car il est visible qu'ils ne peuvent manquer de croire ce qu'on leur dit, puisqu'on ne leur dit que ce qu'ils croyent déja d'une maniere confuse.

Rien n'est plus facile par exemple que d'inspirer de la crainte à un homme naturellement timide, & de l'audace à un temeraire ; rien n'est si aisé que de persuader à un avare que l'argent est la chose du monde la plus précieuse ; & à un ambitieux, qu'il n'est rien qu'on ne doive tenter pour s'élever aux dignitez.

Blamez Varron devant ses ennemis, loüez-le devant ses amis, tâchez de plaire à vos auditeurs, flatez leurs passions, exagerez leurs bonnes qualitez, excusez leurs défauts. Quelque foibles que soient vos raisons soyez sûr de les convaincre, l'amour propre &

la prévention vous donneront toûjours gain de cause.

Il n'en est pas ainsi lors qu'il s'agit de combattre la prevention & de détruire des prejugez qui ont jetté dans l'esprit des profondes racines : car comme j'ay déja dit, les raisons les plus solides font peu d'impression sur un esprit prevenu ; ou s'il en est frapé dans le moment qu'on les lui expose, il les perd bien-tôt de vûë, & ses prejugez venant à fraper de nouveau son imagination les effacent entierement, ou du moins ils n'en laissent que des traces fort legeres.

C'est ce que nous observons avec douleur à l'égard des préjugez de la naissance fortifiez par une longue habitude. En vain l'Ecriture s'explique d'une maniere tres claire & tres-intelligible, en vain la voix de tous les Peres, la Tradition de tous les siecles, & l'impossibilité d'un changement inſenſible rendent témoignage à l'Egliſe ; ceux qui en ont été ſeparez par le malheur de leur naiſſance, ne comprennent pas leur langage ; l'habitude qu'ils ont contractée de détourner les termes les plus forts & les plus expreſſifs en des ſens étrangers, fait qu'ils ne ſont point touchez des paſſages les plus formels, & qu'ils ne conſiderent que comme de legeres difficultez cette foule de témoins qui atteſtent & la nouveauté de leur doctrine, & la conformité de la nôtre avec celle des ſiecles precedens. Et je n'en ſuis pas ſurpris, les paroles n'ont de ſignification & de force qu'autant qu'il plaît à l'uſage de leur en donner, & on leur a inſpiré dans leur enfance, c'eſt-à-dire, dans un âge où ils n'étoient pas capables de juger par eux-mêmes, & où ils ne pouvoient recevoir d'autres impreſſions que celles qu'on vouloit leur donner ;

on leur a inspiré, dis-je, que les textes les plus forts ne prouvent rien ni pour la doctrine de l'Eglise, ni contre leurs opinions, & qu'ils ont un sens fort different de celui que les expressions dans lesquelles ils sont conçûs, presentent naturellement à l'esprit.

Ainsi il n'est pas surprenant qu'ils s'attachent à des interpretations frivoles qui se sont naturalisées dans leur esprit, quoi qu'elles renversent toutes les loix du langage, & qu'elles ne laissent aux hommes aucune voye sûre pour expliquer leurs pensées.

Si tous les prejugez de l'esprit humain étoient de la même nature, c'en seroit fait, il seroit impossible de nous faire changer d'opinion sur quelque matiere que ce fût, & les erreurs qui se seroient imprimées dans notre esprit n'en sortiroient qu'au dernier instant de la vie: mais comme nos prejugez sont de diverse nature, qu'il en est de clairs, qu'il en est de confus, qu'il en est que nous croyons certains & infaillibles, & d'autres que nous croyons douteux & probables ; qu'il en est enfin qui sont profondement imprimez dans l'esprit, parce qu'on les a souvent reïterez ; & d'autres dont les traces sont legeres, parce qu'ils se sont rarement presentez à l'esprit, nous corrigeons les uns par les autres lors qu'ils frapent en même temps notre imagination ; c'est-à-dire, ceux qui sont douteux & probables par ceux, qui sont clairs & certains, & ceux qui n'ont fait que des legeres impressions sur notre esprit, par ceux qui y sont profondement gravez.

C'est aussi par là que nous persuadons ceux qui nous écoutent, lors que nous les entraînons dans notre sentiment dans le temps même que leur prévention s'y oppose : car cela n'arrive que parce que nous presentons à leur imagination des prejugez contraires à ceux que nous les obligeons d'abandonner, & qui les frapent davantage.

Ainsi il est visible que selon que les prejugez que nous avons à combattre sont plus ou moins forts, il faut aussi que ceux que nous leur opposons soient plus ou moins convainquans.

Si ce n'est qu'une espece de legere prévention que nous avons à vaincre, il suffit souvent de proposer notre sentiment avec assûrance : car si la bonne foy de celui qui parle n'est pas suspecte à l'auditeur, il ne manque pas de s'y rendre.

Que si la prévention est plus forte, & si les prejugez que nous avons à surmonter sont fortement gravez dans l'esprit de celui que nous voulons convaincre, il faut leur opposer des raisons encore plus fortes : par exemple, lors qu'il s'agit d'un fait, il faut oppoſer des preuves à des fortes preſomptions.

Remarquez 2°. qu'il faut que les raiſons qu'on propoſe ſoient proportionnées à l'eſprit de celui quel'on veut convaincre, & qu'il en ſente lui-même la verité & la force; c'eſt-à-dire qu'il faut appuyer ſon raiſonnement ſur des principes dont il convient, ou ce qui eſt la même choſe, ſur des prejugez dont il eſt prevenu.

Par exemple, ſi deux Catholiques diſputent enſemble ſur un point de Religion, ils n'ont qu'à faire voir l'un l'autre, que l'article qu'ils veulent prouver a été décidé par l'Egliſe; & ſi l'un des deux peut en venir à bout, l'adverſaire ne manquera pas de s'y rendre, parce qu'il eſt convaincu de l'infaillibilité de l'Egliſe.

Mais cette raiſon qui eſt déciſive à l'égard d'un Catholique, ne fait aucune impreſſion ſur l'eſprit d'un Proteſtant, parce qu'il eſt préoccupé d'un prejugé entierement opposé ; & si on veut le convaincre, il faut prouver ou l'infaillibilité de l'Eglise, ou que l'article qu'il conteste est la foy de tous les siecles, ou bien qu'il est clairement décidé par l'Ecriture. Mais ces raisons qui prouveroient à son égard, si sa preoccupation lui permettoit de les entendre, ne peuvent pas s'alleguer à un Mahometan, parce qu'il ne croit ni à l'Eglise, ni à l'Ecriture ; & l'on ne peut le persuader que par les principes du sens commun.

Car pour reprendre en peu de mots tout ce que nous venons de dire, il n'y a que deux voyes pour persuader les hommes, & les ramener à notre opinion, lors qu'ils sont prevenus contre : L'une, en les convainquant par le témoignage des sens, c'est-à-dire, en leur faisant voir ou toucher qu'ils s'étoient trompez ; l'autre en leur prouvant que ce qu'ils croyent sur la queſtion qu'on agite, eſt incompatible avec d'autres principes qu'ils ont dans l'eſprit, & deſquels ils ſont plus certains que de l'opinion que l'on veut combattre.

D'ou il eſt viſible que les hommes ont d'autant plus de voyes pour ſe perſuader & ſe convaincre mutuellement, qu'ils ont plus de principes, ou de prejugez qui leur ſont communs ; & qu'ils en ont d'autant moins, que leurs paſſions ou leur éducation ſont plus oppoſées.

Ainſi toute la ſcience de celui qui parle conſiſte à connoître le genie de ceux qui l'écoutent, à n'employer dans ſes preuves que des principes dont ils ſont convaincus, & à les propoſer dans un ordre qui éclaire l'eſprit de l'auditeur, & qui reveille ſon attention.

C'eſt en cela auſſi que conſiſte la veritable éloquence, & non pas à faire l'anatomie d'un mot, à ranger une phrase, à tourner une periode, comme les Grammairiens voudroient nous le faire accroire: car quelque hardis qu'ils soient à décider des matieres qu'ils n'entendent pas, assûrément ils ne persuaderont point ceux qui ont du bon sens & de la raison.

Je ne pretends pourtant pas que le choix des expressions soit à negliger, il sert sans doute à relever l'éclat, & la force des pensées, parce qu'il flate l'oreille; mais ce n'est que la superficie & l'écorce du discours, qui ne peut entrer en parallele avec le corps, c'est-à-dire, avec la solidité, la netteté & la varieté des pensées. Et je ne vois pas qu'il y ait de la comparaison à faire entre un ouvrage également solide & diversifié, quoi que moins exact dans la diction, & un ouvrage froid & ennuyeux, vuide de sens & de pensées, quoi que pur & fleuri dans ses expressions. Le premier est toûjours beau malgré sa negligence, & le second toûjours difforme malgré le fard qui le couvre.

CHAPITRE XV.

Des Passions en general, nombre prodigieux, mélange, & composition des mouvemens du cœur.

LE terme de passion se prend en divers sens, tantôt il signifie les sensations de l'ame, tantôt il se prend pour les mouvemens du cœur, c'est-à-dire, pour les inclinations de la volonté, & tantôt pour les mouvemens corporels qui accompagnent les sentimens de l'esprit. C'est les passions de l'homme prises dans le premier & le second de ces sens qui seront le sujet de ce chapitre & des suivans. J'entre en matiere.

Nous avons expliqué plus haut comment les objets qui frapent nos sens, excitent en nous les sentimens de plaisir, de douleur & d'indifference suivant la diverse maniere dont ils agissent sur nos organes ; & nous avons dit en peu de mots, que ces premieres passions étoient la source de l'amour & de la haine, du desir & de la fuïte, & de toutes les passions composées qui dérivent de celles-ci comme de leur principe. Mais nous n'en avons parlé qu'en passant ; & c'est ici le lieu de retoucher ce que nous avous dit pour lors, & de nous étendre plus au long.

Nous remarquerons donc 1o. que l'air que nous respirons passe d'une chaleur extrême à une froideur excessive, qu'il est tantôt calme, & tantôt agité d'un vent impetueux, que les alimens qui nous servent de nourriture sont de diverse nature & d'un nombre prodigieux de saveurs differentes, & que des corps qui nous environnent, & dont nous souffrons continuellement les impreſſions, les uns nous flatent & nous chatoüillent, les autres ne font que des impreſſions deſagreables & douloureuſes.

Nous remarquerons 1°. que le corps de l'homme change & s'altere ſans ceſſe, & par le cours de l'âge qui le mine inſenſiblement, & par des accidens journaliers qui y cauſent des alterations ſubites & impreveuës; & que par conſequent les corps qui agiſſent ſur ſes ſens ne font pas toûjours des ſenſations uniformes &, que par l'une & l'autre de ces raiſons nous reſſentons pendant le cours de la vie une infinité de ſenſations differentes.

Nous remarquerons enfin que les impreſſions des objets ſe conſervent dans le cerveau non d'une maniere à être toûjours preſentes à l'eſprit, mais de maniere à ſe reveiller lors que le cours des eſprits animaux les entraîne dans la partie du cerveau où ces traces ſont gravées, & que pour lors nous nous reſſouvenons & de l'objet qu'elles repreſentent, & du plaiſir, & de la douleur, c'eſt-à-dire, du ſentiment qu'il nous a causé.

Le plaiſir & la douleur ſont les premices de toutes nos paſſions, & les ſources d'où coulent toutes les inclinations & tous les mouvemens du cœur de l'homme. L'on aime ce qui fait plaiſir, l'on fuït ce qui fait de la peine; la preſence de l'objet aimé nous remplit de joie, ſon abſence nous accable de triſteſſe; l'on en deſire avec ardeur la poſſeſſion, l'on fuït avec horreur l'objet de ſa haine; l'on s'irrite contre les cauſes qui nous privent de l'objet de notre amour, ou qui preſentent à nos yeux l'objet de notre averſion; & de là l'indignation & la colere. Tantôt l'on eſpere de le vaincre; & de là la confiance & le courage: & quelquefois l'on déſeſpere de les ſurmonter ; & de là la crainte & le déſeſpoir. Enfin ſelon la diverſe maniere dont on conſidere les objets qui frapent nos ſens, ou que notre imagination nous les repreſente, notre cœur eſt agité de mille & mille paſſions qu'il eſt tres-difficile d'exprimer, parce que les termes nous manquent ; mais qu'il eſt facile de comprendre, parce que chacun les ſent & les experimente en lui-même.

Tout le cours de la vie n'eſt que tempête & qu'orage. L'amour, la haine, la joie, la triſteſſe, l'eſperance, & la crainte nous tyranniſent tour à tour : ainſi nous changeons ſouvent de fers ; mais nous ne ſortons jamais d'eſclavage.

Le Sage des Stoïciens n'eſt qu'une chimere. Des eſprits vains & orgueilleux peuvent bien ſe repaître de l'eſperance d'une tranquilité imaginaire ; mais leur cœur eſt incapable de la goûter : car comme nous ſommes continuellement exposez aux impressions des corps qui agissent sur nos sens, nous sommes necessairement sensibles au plaisir & à la douleur qu'ils nous causent, & necessairement agitez des passions qui en sont les suites naturelles.

Il est vrai que les divers états de la fortune, les divers temperamens, la differente éducation, & la bizarrerie des accidens ausquels les hommes sont exposez, les rendent inégalement susceptibles de ces passions; que les uns sont plus portez à la joie; que les autres sont presque toûjours plongez dans une profonde tristesse; que ceux-ci sont naturellement timides, ceux-là fermes & courageux; quelques-uns coleres, les autres doux & paisibles. Mais il est vrai aussi que la moindre chose suffit pour nous faire sortir de notre situation naturelle; & s'il étoit necessaire d'en rapporter des exemples, je serois moins en peine d'en trouver, que d'en choiſir quelqu'un dans la foule de ceux dont l'hiſtoire eſt remplie. Celle du ſiecle paſſé nous en fournit un des plus memorables par le parricide horrible dont il fut ſuivi. Charles premier, Roy d'Angleterre étoit victorieux, l'armée des Parlementaires étoit défaite, tout y fuït, tout s'écarte, tout ſe diſſipe. Un ſeul homme arrête les fuyards, les ramene dans leur camp, les raſſûre, les reſout à tenter de nouveau la fortune: la bataille ſe donne le lendemain, l'armée victorieuſe commence à plier à ſon tour, & ce Roy qu'on croyoit rétabli, ſe trouve détruit & perdu ſans reſſource.

Mais il n'eſt pas neceſſaire de nous étendre à prouver une choſe que nous voyons arriver chaque jour, que nous ſentons & que nous exprimons en nous-mêmes.

L'homme du monde le plus ferme craint ſouvent lors qu'il

n'y a pas lieu de craindre, & le plus timide s'asſure quelquefois lors qu'il n y a pas lieu de s'asſûrer. Nous concevons ſouvent des eſperances vaines, nous nous rejoüiſſons ſans fondement, & ſouvent nous nous affligeons ſans ſujet. Enfin rien n'eſt ferme, rien n'eſt ſolide, rien n'eſt conſtant dans le cœur de l'homme, & ſoit par la varieté des impreſſions qu'il ſouffre, ſoit par la diverſe diſpoſition ou il ſe trouve, il change continuellement d'état & de ſituation. Car de même qu'un vaiſſeau battu de l'orage erre au gré des vents, qui ſouflant à repriſes, & prevalant tour à tour les uns ſur les autres, l'entraînent en diverſes routes : de même le cœur de l'homme exposé, pour ainſi dire, aux ſecouſſes des objets qui frapent ſes ſens, & des prejugez dont ſon imagination eſt remplie, ne ſuit point de route certaine; mais errant en vagabond il court aprés mille objets divers qu'il poursuit d'une course toûjours inégale, & toûjours proportionnée à la maniere dont ces objets frapent son imagination.

CHAPITRE XVI.

L'on découvre en peu de mots les effets de quelques passions particulieres, & les principes qui les forment dans le cœur des hommes.

TOUS les hommes veulent être heureux ; ils cherchent naturellement le plaisir, & fuïent la douleur ; mais comme ce n'est pas la raison la plus forte & la plus solide qui l'emporte dans leur esprit ; & que c'est celle qui les touche, & qui les frape davantage ; ce n'est pas non plus le bien le plus solide & celui qui est plus capable de les rendre heureux, qui les attire avec plus de force, & qu'ils souhaitent avec plus d'ardeur, mais celui qui les touche d'une maniere plus vive & plus sensible. Car de même que dans l'esprit l'erreur triomphe souvent de la verité, de même dans le cœur l'apparence d'un bien imaginaire l'emporte souvent sur le plus réel, & le plus solide.

C'est ce qu'il est aisé de remarquer dans la plûpart des hommes. Nous voyons chaque jour qu'il n'est rien qu'ils ne tentent, & qu'ils ne sacrifient pour les satisfaire, & elles les entraînent en des excés si effroyables, que la raison humaine a peine à les comprendre, & qu'un homme qui raisonne de sens froid a peine à se les persuader sur le rapport de ses yeux, ou sur la foy des histoires les plus autentiques.

Antoine ce grand politique, cet homme si ambitieux, si avide de gloire, ce digne compagnon des victoires de César, sacrifie sa gloire, sa grandeur & sa vie à une femme me qui lui attire le mépris & l'indignation des Romains, il abandonne le combat pour suivre Cleopatre, & se tuë de desespoir sur les nouvelles incertaines & trompeuses de sa mort.

Les effets de la haine ne sont pas moins terribles que ceux de l'amour. L'Espagne nous en fournit un triste & memorable exemple; car si elle a gemi pendant plusieurs siecles sous la tirannie des Maures, c'est par la trahison d'un de ses enfans qui pour se vanger de la violence que son Roy avoit fait à sa fille, les appella d'Afrique, & leur fournit les moyens d'accabler sa patrie. Tant il est vrai que lors qu'on est prevenu d'une passion violente, l'on ne considere ni les dangers où l'on s'expose, ni les amis qu'on sacrifie, ni la Religion qu'on interesse, ni son païs dont on cause la détruction & la ruïne: on ne songe qu'à se satisfaire, & pourvû qu'on en vienne à bout, on se met peu en peine de ce qu'il en coûte.

Que si nous examinons les effets de l'ambition, que de meurtres, que de parricides, que de familles éteintes, que de provinces ruinées, que de Trônes renversez, que d'Empires détruits. Là vous verrez des Rois ambitieux chercher à s'agrandir par la ruine de leurs voisins, des sujets se revolter contre leur Prince, des citoyens détruire leur patrie, des ingrats s'élever contre leurs bienfaicteurs, des enfans dénaturez plonger leurs mains dans le sein de leurs peres, & des peres inhumains sacrifier leurs enfans à de simples soupçons.

C'est ainsi que toutes nos passions lors qu'elles sont extremes, mettent devant nos yeux un espece de bandeau, & remplissent nostre esprit de nuages qui nous cachent & les difficultez qui s'opposent à nos desseins, & les raisons qui devroient nous en dissuader. Et si vous en cherchez la raison, c'est que l'esprit des hommes est borné, & qu'il ne peut concevoir dans le même instant qu'un petit nombre d'objets : de sorte que lors que les traces qui representent l'objet de sa passion sont fort ébranlées, cet objet l'occupe entierement, & par consequent l'esprit ne doit & ne peut penser à un autre ou si dans quelque moment plus calme & plus tranquille il entrevoit ces raisons & ces difficultez, les impressions qu'elles font sur son cœur sont courtes & passageres; & l'idée de l'objet de sa passion venant à se reveiller, les efface sur le champ, parce que le fort l'emporte toûjours sur le foible.

Or cette attache que nous avons pour certains objets preferablement à tous les autres, vient ou de l'impression vive & agreable qu'ils ont fait sur nous, ou de quelque prejugé fortement imprimé dans l'esprit.

Car comme nous aimons ce qui nous flatte, & que nous haïssons ce qui nous blesse, il est visible que nous devons souhaiter ce qui nous a fait plaisir, & fuir ce qui nous a causé de la peine, & cela avec d'autant plus d'ardeur & de violence, que la peine ou le plaisir que nous avons ressenti ont été plus sensibles ; & par consequent si un objet fait sur nous une impression plus vive & plus sensible que tous les autres objets, nous devons aimer cet objet preferablement à tous les autres, & la vivacité de la passion que nous avons pour lui doit l'emporter sur tout le reste de nos passions.

De même si quelque prejugé est fortement gravé dans l'esprit; par exemple si l'on est fortement persuadé qu'il faut acquerir l'estime des honnêtes gens pour vivre heureux dans le monde, ce prejugé que nous supposons plus fort que le reste de nos prejugez nous fera reprimer nos passions : embrasser avec plaisir les travaux les plus rude, & nous exposer aux perils les plus évidens.

Il en est de même des autres passions ; elles sont toutes les enfans ou des impressions que les objets font sur nous, ou des prejugez qui sont gravez dans notre esprit. Ainsi il se fait un cercle continuel de nos passions & de nos prejugez: ils sont mutuellement la cause & l'effet les uns des autres, car si nos passions, comme nous avons dit ailleurs, forment la plus part de nos préjugez, les prejugez de notre esprit forment aussi la plus part de nos passions. Nous voulons être heureux, nous aimons tout ce que notre imagimation nous represente comme un bien, & nous haïssons tout ce qu'elle nous represente comme un mal ; mais comme les biens que nous aimons sont souvent incompatibles, qu'il faut opter, & que souvent nous ne pouvons joüir de l'un sans negliger les autres, nous nous attachons à ceux qui frapent notre imagination d'une maniere plus vive, & plus sensible; & pour les posseder nous negligeons tous les autres: ce qui est le principe & la source de toutes nos passions particulieres, & de ces resolutions surprenantes que nous prenons pour les satisfaire, aussi bien que de ces mouvemens impetueux, de ces agitations de cœur & de cet aveuglement d'esprit qui en sont les suites naturelles. Il ne faut pourtant pas outrer ces principes, & s'imaginer que la volonté de l'homme se porte en aveugle, à ce que ses passions lui inspirent, ou qu'elle soit entraînée par quelque espece de fatalité qu'il lui est impossible de vaincre, quelque fortes que soient les impressions que les sens font sur l'esprit, il est toûjours son maître, il a la liberté du choix, & il se détermine comme il lui plaît.

CHAPITRE XVII.

De l'avidité du cœur de l'homme, du changement & de l'inconstance de ses passions.

QUEL que soit l'empressement avec lequel les hommes courent aprés l'objet de leurs passions, quelque ardens que soient leurs desirs, quelque bonheur, quelque plaisir qu'ils se figurent dans la possession & la joüissance de cet objet: ils éprouvent bientôt qu'ils s'étoient repus de l'esperance d'un bien imaginaire; & que le bonheur qu'ils se flattoient de goûter dés que leurs desirs seroient satisfaits, n'étoit qu'un vain fantôme, qui ne subsistoit que dans leur imagination, ils méprisent ce bien dés qu'ils le possedent, ils reconnoissent, ils sentent qu'il est incapable de les rendre heureux, & pour trouver ce bonheur auquel ils aspirent, ils s'attachent à des nouveaux objets que leur imagination trompée leur propose encore comme souverain bien.

Sosie que nous voyons logé dans un superbe palais, dont la table est servie avec autant de delicatesse que de profusion, & dont l'équipage est si superbe & si magnifique, n'aspiroit lors qu'il étoit revétu des couleurs de son maître, qu'à un petit emploi dans lequel il pût vivre avec économie, & se tirer de l'esclavage où la bassesse & l'obscurité de sa naissance l'avoit obligé de se soûmettre. Mais il ne l'eut par plûtôt obtenu, que portant ses veûës plus loin il sacrifia ses amis & ses bienfaiteurs pour occuper leurs places : aujourd'huy même qu'il s'est enrichi par mille crimes ; que sa mauvaise foy, ses fourberies, son impudence, & sa dureté semblent

l'avoir

porté au delà de ſes ſouhaits, il n'eſt pas encore content, il cherche bien moins à joüir de ſes treſors qu'à les augmenter.

Mais n'imaginons point des portraits qui ne ſont d'ailleurs que trop reſſemblans, pour prouver l'avidité du cœur de l'homme. Nous en trouvons dans l hiſtoire une infinité d'exemples : Sejan, Stilicon, Rufin, & tous ces fameux favoris que la fortune a pris plaiſir d'élever de la boüe juſqu'au gouvernement des empires, n'ont pû ſe borner dans une puiſſance ſans borne.

Alexandre devant qui la terre ſe teut, ſelon le langage de l'Ecriture, cherche des nouveaux mondes pour y porter la gloire & la terreur de ſes armes.

Ceſar conquerant des Gaules, vainqueur de Pompée, & maître abſolu de l'Empire Romain, medite la ruine des Parthes.

Et s'il en eſt un petit nombre

qui détrompé du vain éclat des grandeurs ayent tâché de se soustraire aux caprices de la fortune, pour goûter les douceurs d'une vie tranquille, & qui par consequent semblent peu propres à prouver l'avidité du cœur de l'homme ; ils nous montrent du moins d'une maniere fort sensible, que le bonheur qu'ils esperoient de trouver dans cette puissance formidable qui leur a coûté tant de crimes, n'étoit qu'une illusion & une chimere enfantée par leur imagination ; & que nous cherchons par tout le repos & la tranquilité que nous ne trouverons jamais dans les biens qui sont les plus capables de seduire le cœur de l'homme.

Sylla désole l'Italie, remplit Rome de sang & de carnage, extermine la moitié du Senat, pour regner dans sa patrie, c'est-à-dire, pour se rendre heureux. A peine cependant en-est-il le maître, qu'il se lasse & se dégoûte de ſa grandeur, & qu'il abandonne la Dictature. Et peut-être ne fût-il pas long-temps à s'en repentir, du moins c'eſt ce qui arriva à Charles-Quint, ſi nous en croyons Philippe ſecond ſon fils: car un de ſes courtiſans lui diſant un jour, qu'il y avoit un an que l'Empereur ſon pere étoit abdiqué de l'Empire, il répondit qu'il y avoit un an qu'il s'en étoit repenti.

Voilà juſtement quel eſt le cœur de l'homme; il eſt toûjours inquiet, il n'eſt jamais content de ſon ſort; & s'il mépriſe ce qu'il poſſede pour courir aprés ce qu'il n'a pas, il quitte ſouvent les nouveaux objets qu'il avoit choiſi, pour reprendre ce qu'il a mépriſé.

Les enfans ſe laſſent dans un moment des bijoux, qu'on leur donne pour les divertir : il leur faut toûjours des nouveaux amuſemens pour calmer leur inquiétude. Nous ſommes enfans pendant tout le cours de la vie : la presence des mêmes objets nous lasse & nous rebute ; le changement & la varieté peuvent seuls calmer notre inquietude, & nous empêcher de tomber dans la langueur.

Combien de gens ne voit-on pas sacrifier leur reputation & leur fortune pour une beauté, la posseder à peine, qu'ils en sont dégoûtez, & courir aprés de nouveaux objets qui ne leur inspirent pas des passions plus durables.

Celui qui est abruti dans les delices, devient souvent sensible à l'ambition & à la gloire ; & se dégoûte de la gloire, pour revenir à la débauche.

Les vins les plus exquis, les mets les plus delicieux nous paroissent insipides dés que la soif est éteinte, & la faim rassasiée. La musique la plus parfaite nous fatigue en peu de temps. En un mot le cœur de l'homme ne veut que flairer les plaisirs ; il ne faut pas qu'il s'en ſoûle, la poſſeſſion le dégoûte de tout, avec quelque ardeur qu'il l'ait recherché avant que de l'obtenir.

Mais c'eſt aſſez parlé de l'avidité & de l'inconſtance du cœur humain, tâchons d'en découvrir la cauſe. Elle eſt facile à trouver.

Nous ſouffrons ſouvent des ſenſations douloureuſes, & parce que les corps qui nous environnent, & au milieu deſquels nous vivons nous bleſſent, & parce que les reſſorts dont notre corps eſt composé ſont ſujets à une infinité d'alterations differentes.

Nous ſommes bien moins ſenſibles au plaiſir qu'à la douleur, parce que le plaiſir n'eſt causé que par un leger ébranlement des fibres du cerveau, & que l'ébranlement de ces fibres qui cauſe la douleur, eſt incomparablement plus vif & plus ſenſible.

Enfin la pulſation des arteres & le mouvement des humeurs qui roulent dans les parties, y causent sans cesse des petits ébranlemens insensibles à la verité, si nous les examinons chacun en particulier; mais qui tous ensemble ne laissent pas de causer un sentiment sourd & désagreable que nous appelons inquiétude & langueur. Et si nous ne nous en appercevons point lors que nous sommes vivement touchez des objets qui agissent sur nos sens, ou que notre imagination est émûë, nous la sentons sans cesse, lors que notre imagination est tranquille, & que nous sommes abandonnez à nous-mêmes. De là, la langueur qui nous mine; l'ennuy qui nous ronge, & qui nous dévore; de là enfin l'inquiétude & la misere de l'homme.

Qu'il joüisse d'une santé parfaite, que sa fortune soit florissante, qu'il soit heureux dans sa famille & dans ses amis, qu'il ait de l'esprit, qu'il soit estimé, & que par mille belles actions il se soit assûré une place illustre dans la memoire de la posterité ; il a dans son cœur un ennemi domestique qui le poursuit sans cesse, & qui le presse d'autant plus vivement que le calme dont il paroît jouïr semble le mettre à couvert de toutes ses atteintes.

Il se lasse, il se dégoûte de tout ce qu'il possede ; parce qu'il est toûjours miserable, inquiet, chancelant, il porte sa vûë de tous cotez, il considere tous les objets qui s'offrent à ses yeux, ou que son imagination lui represente. Attentif à ses besoins il se persuade faussement qu'ils sont la cause de son inquiétude, & que pour être heureux il n'a qu'à satisfaire les passions qu'ils lui inspirent ; & il se le persuade d'autant plus aisément que le propre de l'imagination est de grossir l'idée de l'objet de nos passions, parce qu'à force d'y penser, les traces qui les representent le creusent toûjours davantage; mais reconnoissant son erreur si tôt qu'il en jouït, il retombe dans la langueur, dans l'inquiétude, & dans des illusions nouvelles.

CHAPITRE XVIII.

DE L'ORGUEIL.

QUOIQUE rien ne soit capable de remplir le cœur de l'homme, que rien ne puisse fixer son inconstance ni calmer son inquiétude, & qu'il courre sans cesse aprés des objets nouveaux; il est cependant certaines passions qui sont propres à tous les hommes, qui naissent, pour ainsi dire, avec eux, & qui les dominent pendant tout le cours de la vie. Tel est par exemple l'orgueil ou le desir de la preference, l'amour des richesses, & l'attachement à la vie. Ainsi pour remplir notre projet il faut neceſſairement conſiderer les effets de ces paſſions, & découvrir les principes qui les inſpirent à tous les hommes. C'eſt ce que nous allons faire dans ce chapitre, où nous parlerons de l'orgueïl, & dans le ſuivant, où nous parlerons de l'attachement à la vie, & de l'amour des richeſſes.

L'on peut dire ſans craindre de ſe méprendre, que de toutes les paſſions il n'en eſt point de ſi generale que l'orgueïl. Il eſt de tout païs, de toute condition, de tout âge, de tout ſexe : il dure pendant tout le cours de la vie, il influë dans la plûpart des actions des hommes ; mais il produit en eux des effets biens differens.

Une honnête femme cherche à ſe faire eſtimer par une conduite reglée, pendant qu'une coquette ne s'étudie qu'à faire admirer ſa beauté, & à plaire à une foule d'adorateurs.

Celui-ci pretend imposer par la delicatesse de sa table, & par la sumptuosité & la magnificence de ses meubles & de ses équipages; & celui-là cherche à briller en méprisant l'éclat & le faste; il en est même qui courent à la gloire en affectant du mépris pour elle.

Enfin l'orguëil change de forme & de figure suivant la disposition du cœur & le caractere d'esprit de ceux qu'il anime.

Mais comment ne produiroit-il pas des effets opposez dans les hommes, dont l'esprit & les inclinations sont si diverses, puisque dans les mêmes personnes il trouve l'art d'allier ce qui paroît entierement inaliable, & qu'il est le principe d'une infinité d'actions qui paroissent directement opposées.

Straton méprise en particulier tous les membres de sa Compagnie, il est le premier à en médire & à les déchirer; cependant si l'on parle mal du corps, il prend feu & ſe met en colere.

Valerie ſeroit au deſeſpoir que l'on n'eût pas une haute idée de ſa maiſon ; & lors qu'elle eſt dans ſa famille elle affecte du mépris pour tous ſes parens.

Cette conduite paroît extravagante & bizarre, elle l'eſt en effet; cependant leur orguëil qui met tout à profit ne laiſſe pas d'y trouver ſon compte.

Celle-là coſidere ſa maiſon, & celui-ci ſa compagnie comme un tout dont ils ſont partie: ainſi mépriſer ce tout c'eſt les mépriſer eux-mêmes en quelque maniere : c'eſt ce qui les choque & ce qu'ils ne peuvent ſouffrir. Mais ils pretendent être la principale partie de ce tout, ç'en eſt aſſez pour leur faire ravaler ceux qui pourroient leur en diſputer la gloire.

Je ne finirois point ſi je voulois m'étendre ſur les effets de l'orguëil ; le peu que j'en ay dit ſuffit pour faire voir que c'est une source inépuisable, & un abîme dont on ne peut découvrir le fonds : ainsi je vais m'appliquer à découvrir les principes qui nous l'inspirent, & la cause de la diversité des routes qu'il suit pour se satisfaire.

Le principe de l'orgueil & du desir de la preference est bien facile à trouver : nous avons reconnu mille & mille fois que pour obtenir ce qu'on desire il faut en priver autruy : de là naît le desir de la preference. Nous avons encore reconnu que l'estime des hommes est necessaire pour remplir nos desirs ; l'on nous a dit souvent que cette estime est preferable à tous les biens de la fortune, & qu'il faut la conserver même aux dépens de sa vie. Tout cela forme dans notre esprit un prejugé que le temps ne sçauroit détruire, & dont les forces augmentent toûjours.

Pour ce qui regarde la diversité des voyes que suit l'orguëil, elle vient de divers caracteres du cœur & de l'esprit, & des divers états de la fortune des hommes.

Camille triomphe des ennemis de Rome; Rome ingrate l'envoye en exil pour suivre la passion de ses envieux : il ne laisse pourtant pas de la sauver encore de la main des Gaulois; au lieu que Coriolan aprés une injustice pareille se jette dans le parti des Volsques, & ne songe qu'à la faire repentir de l'avoir offensé.

Tous deux aimoient la gloire ils combattoient tous deux pour elle; mais celui-ci impatient sur l'offense veut tout perdre & tout renverser; & celui-là doux, moderé, & veritablement genereux ne se vange que par de nouveaux bienfaits. Ne soyons pas surpris de la diversité de leur procedé, c'est une suite naturelle des divers caracteres de leur cœur.

C'eſt cette diverſité du cœur & de l'eſprit qui fait les divers caracteres des Heros. Auguſte court à la gloire par ſa juſtice, par ſa clemence, & par ſon habileté dans l'art de regner, & d'apprivoiſer des hommes impatiens du joug & paſſionnez pour la liberté. Scipion la cherche par ſa temperance, & par ſes victoires, Caton par l'auſterité de ſes mœurs & la droiture de ſon cœur, & Titus en repandant à pleines mains les bienfaits & les graces.

Les ames baſſes, les cœurs rampans aiment la gloire auſſi bien que les plus magnanimes : mais ils la cherchent par des mauvaiſes voyes, ils mettent toute leur eſperance dans le menſonge, dans le déguiſement, & dans la feinte. Ils dépriment, ils calomnient leurs adverſaires pour éviter d'entrer en parallele avec eux. Ils ſe cachent toûjours parce qu'ils ſentent leur foible, & qu'ils voyent bien que leur reputation n'eſt fondée que ſur des fauſſes lueurs & des vaines apparences, au lieu qu'un homme genereux dont l'élevation eſt l'ouvrage du merite, & non du caprice & de la fortune, ſe plaît à rendre juſtice à tout le monde, parce qu'il ſçait bien qu'on ne peut la lui refuſer à lui-même, & que c'eſt de la droiture & de la ſincerité de ſon cœur qu'il pretend tirer ſa principale loüange.

La ſeconde cauſe des diverſes voïes de l'orguëil c'eſt les divers états de la fortune des hommes. Dans la proſperité, dans une haute fortune, l'on n'a que des hautes idées, l'on veut tout primer, l'on ne met point de bornes à ſon ambition. L'on ſe contente de peu de choſe dans une fortune obſcure & privée. Un ſimple ſoldat ſonge peu à remplir les gazettes de ſon nom & de ſes proüeſſes : il eſt content pourvû qu'on l'eſtime dans ſa Compagnie, & qu'on le prefere à quelques-uns de ses compagnons. L'ambition d'un Officier subalterne; est un peu plus grande, mais elle se borne aisément à une reputation mediocre qu'il tâche d'acquerir dans son corps, & il ne pretend point attirer sur lui les yeux de tout un Royaume : il abandonne sans peine cette gloire à ses Generaux dont les démarches reglent les destins des Royaumes & des Empires. Si vous en cherchez la raison , c'est que les hommes reglent leurs desirs sur leurs esperances , & qu'ils ne souhaitent point ce qui leur paroît impossible. Il n'en est point parmi eux qui aspirent à voler comme les oiseaux. Un homme accablé d'affaires & dans l'indigence ne songe point à usurper une couronne.

Les superieurs, & les inferieurs se rendent mutuellement justice; parce qu'ils n'ont rien à deméler ensemble ; pendant qu'on ne voit qu'envie & que détraction parmi les

les concurrens. Ils ont pour l'ordinaire des yeux de lins pour penetrer leurs defauts mutuels, ils ne se pardonnent rien, ils dépeignent souvent avec les couleurs les plus noires les negligences les plus legeres ; & si l'évidence de la verité les oblige de reconnoître qu'ils ont quelques qualitez estimables, ils ne manquent gueres, pour en diminuer l'état, de rapporter leurs foiblesses, d'attribuer leurs succez au hazard & à la fortune, ou d'élever quelque autre à leur prejudice : car c'est une addresse assez ordinaire à l'orgueil de loüer avec excez les absens ou les morts pour rabaisser les presens dont le merite le blesse.

N'en cherchez point la raison ailleurs, la malignité naturelle du cœur humain se revolte quelque fois contre un joug accoutumé : pour l'ordinaire cependant elle le supporte avec patience, parce que l'habitude le rend doux

& leger, mais elle devient furieuse, lors qu'on l'accable d'un joug qu'elle n'a pas encore éprouvé l'orgueil cherche à s'élever, il ne peut se resoudre à descendre; & c'est descendre en quelque maniere que ceder à ses égaux, & à plus forte raison à ses inferieurs.

Rodolphe Comte d'Aspurg avoit été Chancelier du Roy de Bohëme: soit fortune, soit merite il fut élevé à l'Empire; en cette qualité il demande à Octocare l'hommage que les Rois de Bohëme sont obligez de rendre à l'Empereur; mais ce Prince aima mieux exposer ses états au sort d'une bataille que de s'humilier devant un homme qui avoit été son vassal & son sujet.

C'est ainsi qu'est fait le cœur de l'homme : quiconque s'eleve, peut conter presque tous ceux qu'il devance parmi ses ennemis. Mais qu'il soit modeste, & qu'il attende; lors qu'on verra sa reputation établie, on perdra là l'envie de lui nuire en perdant l'esperance d'y réussir.

CHAPITRE XIX.

De l'attachement à la vie, & de l'amour des richesses.

SI l'on considere ce qui peut nous dégoûter de la vie, infirmitez, maladies, revers de fortune, chagrins, inquiétudes naturelles, mille veritables douleurs, point de veritable plaisir; l'amour que nous avons pour elle paroît insensé & la crainte de la mort extravagante & bizarre.

D'où vient donc que ces passions sont si naturelles à l'homme, & jettent dans son cœur de si profondes racines? J'en ai cherché la raison, & il me semble que je l'ai trouvée; c'est que tout ce qui altere nos organes, nous cause de la douleur: de là naît une horreur invincible pour tout ce qui peut les détruire, & par conſequent pour la mort; & cette horreur bien loin de diminuer augmente à tous les inſtans de la vie; parce que le prejugé qui en eſt la ſource ſe fortifie toûjours.

Nous devons cependant remarquer ici que la mort nous fait ſouvent moins de peine que l'appareil ſous lequel elle ſe preſente à nos yeux, & que tel la brave ſous une certaine forme, qui ne peut en ſupporter l'idée, lors qu'elle paroît ſous une autre figure. Nous voyons chaque jour que tel mépriſe le fer qui craint le feu & les dangers de la mer; & que tel paroît intrepide dans le tumulte & l'agitation d'un aſſaut & d'une bataille, qui ne marque que crainte & que foibleſſe lors qu'il regarde la mort d'un œil plus tranquille. Le Maréchal de Biron qui l'avoit cent fois affrontée dans l'horreur des combats, parût une femme ſur l'échaffaut ; la Maréchale d'Ancre nourrie & élevée dans les delices de la Cour y parût avec toute la conſtance, & la fermeté d'un homme.

La paſſion des richeſſes n'eſt ni ſi forte ni ſi generale que l'orgueïl & l'amour de la vie : mais il s'en faut peu, il eſt de même des gens en qui elle eſt plus ardente & plus vive, qui ſacrifient tout à leur avidité, qui n'ont pas d'autre Dieu que l'argent, & qui n'écoutent la raiſon qu'autant qu'elle s'accorde avec leurs interêts. Les exemples n'en ſont que trop communs. Mais avant de conſiderer cette paſſion dans ſon excez, expliquons le principe qui nous l'inſpire & la maniere dont elle s'inſinuë dans le cœur de la plûpart des hommes.

Cela eſt bien facile : les avantages des richeſſes, ſont évidens, & palpables : par elles on eſt eſtimé, on eſt honoré, on a du credit, ont eſt à couvert de la neceſſité, on peut ſatisfaire ſes paſſions, & l'on jouït: de toutes les commoditez de la vie, ce qui étant ſenſible à tout le monde, on ne doit point être ſurpris de l'empreſſement avec lequel les hommes les recherchent.

Ainſi que l'on ſe donne un mouvement moderé pour avoir du bien, & que ſans inquiétude on s'applique à en acquerir par des voyes juſtes, & permiſes pour vivre ſelon ſon état & ſa condition, il n'y a rien en cela que de raiſonnable, le bon ſens & la prudence nous preſcrivent cette conduite.

Mais il eſt impoſſible aux hommes de s'arrêter dans le milieu de la raiſon. C'eſt un pas trop gliſſant pour eux. Ils endurent la faim & la ſoif pour amaſſer des treſors qui leur ſont inutiles. Ils s'expoſent aux ardeurs de la ligne, ils affrontent les glaces des Terres Polaires, ils traverſent les mers;

ils courent au Perou, ils courent à la Chine avec mille dangers, ils foüillent dans les entrailles de la terre pour en tirer de l'or : & par une épargne sordide, ils se privent du necessaire dans l'abondance de toutes choses ; ce qui est sans doute le comble de l'extravagance & de la folie.

Car pourquoy souhaitent-ils des richesses ; c'est parce qu'ils aiment la gloire, c'est parce qu'ils veulent satisfaire leurs passions, c'est enfin parce qu'ils veulent être heureux ; & cependant ils vivent dans la gêne & dans la contrainte, ils repriment leurs desirs les plus legitimes, ils se refusent les plaisirs les plus innocens, & malgré l'enflure de leur cœur, ils rampent, ils s'humilient devant un sot, parce qu'il peut contribuer à leur fortune : peuvent-ils trouver un expedient plus sûr pour être miserables ?

Mais tel est le caractere de l'esprit humain: il veut se rendre heureux, il cherche avec inquiétude les moyens d'y reussir, & dés qu'il pense les avoir trouvé il oublie sa fin pour ne s'occuper que de leur idée.

Dans quelque moment plus calme & plus tranquille, il s'accuse lui-même, il reconnoît son erreur. Mais un moment aprés les reflexions s'évanoüissent & il agit comme s'il s'étoit toûjours approuvé.

Ne blâmons personne en particulier, c'est un égarement qui nous est commun à tous; & souvent ceux qui dans la speculation paroissent les plus sages, sont les plus fous dans la pratique.

L'on rencontre à chaque pas des gens qui ne prêch nt que la moderation, & l'inutili-é des richesses superfluës, qui c. pendant possedez de l'amour de l'argent ne trouvent rien de hont ux ni de penible lors qu'il s'agit d'en acquerir, & qui sçavent parfaitement

ment faire leurs affaires aux dépens de ceux qui sont assez faciles pour leur confier les leurs.

L'on raconte à ce propos que Loüis XII. passant un jour par les Landes de Bourdeaux païs ingrat & sterile, se trouva logé dans une maison magnifique qui appartenoit à un Fermier d'un Seigneur de la Province. Ce Prince en fût surpris, & demanda au proprietaire comment il avoit fait pour bâtir une si belle maison; c'est, Sire, repondit-il, en songeant plûtôt à mes affaires qu'à celles de mon maître. Bien des gens aujourd'hui pourroient sans doute tenir le même langage: mais les reflexions sont inutiles; passons legerement là-dessus.

Les avares n'ont point d'amis. Il n'en est point qu'ils ne sacrifient à un leger interêt, ils n'ont point de reconnoissance; & lors que pour faire leurs affaires il ne s'agit que de nuire à leurs bienfaiteurs, on peut conter que leur fortune est fort avancée ; les liens de la nature les plus inviolables ne les arrêtent point; la trahison & la perfidie leur sont naturelles, & ce qu'il y a de plus sacré dans la religion n'est pas capable de leur causer le moindre scrupule.

Il est par exemple certain que ce n'est pas pour remedier à des maux imaginaires, que l'Eglise a lancé tant de foudres & tant d'anathêmes contre les Simoniaques; & l'histoire fait foy qu'ils ont été fort communs dans l'Eglise. L'on en peut voir une preuve authentique dans le Concile qui se tint à Lyon l'an 1055 : car on lit dans les actes de ce Concile, que quarante cinq Evêques & vingt cinq autres Prelats s'accuserent de ce crime, & qu'ils en demanderent pardon devant cette auguste assemblée : Exemple, ajoûte un Auteur celebre, fort commun pour le crime, unique pour la repentance.

Chapitre XX.

L'on tire quelques consequences des principes que l'on a établi, & l'on propose le dessein d'un nouvel ouvrage.

L'On s'étoit proposé deux choses dans cet ouvrage, l'une de faire voir que les cõnoissances de notre esprit, & les inclinations de notre cœur sont des suites naturelles des impressions que les objets font sur nos sens; l'autre d'expliquer la maniere dont les unes & les autres se forment: c'est à quoi tout ce traité se reduit, & à quoi tendent les diverses recherches que l'on a fait & les divers raisonnemens que l'on a proposé. C'est au Lecteur à juger si le projet est rempli. Cependant il me semble qu'il nous est permis de le supposer & de tirer quelques consequences qui sont des suites naturelles des principes que l'on pretend avoir prouvé dans le corps de cet ouvrage.

La premiere ; c'est que les idées innées des Descartes sont des pures fictions, des hypotheses admises sans fondement, contredites par l'experience, que la raison nous oblige de rejetter. Cela suit, dis-je, clairement de ce qu on a dit touchant la maniere dont nos connoissances & nos passions se forment. Ainsi nous devons revenir au sentiment des Anciens, & dire avec eux que rien n'est plus certain que ce principe : Il n'est rien dans l'entendement qui n'ait passé par les sens. *Nihil est in intellectu quod priùs non fuerit in sensu.*

Ce n'est pas que quand on se seroit trompé dans ce que l'on a avancé par rapport à la raison & aux passions des hommes, on en pût rien conclure contre ce principe, ni qu'on eût raison de nier que nos connoissances se forment par les impressions des sens ; puisqu'il n'est pas raisonnable de nier un fait certain sous pretexte que la maniere en est cachée, & que comme nous avons dit ailleurs, c'est un fait que nous voyons, pour ainsi dire, de nos yeux, & que nous touchons de nos mains.

La seconde consequence qui se tire naturellement des principes qui sont repandus dans ce livre, c'est que rien n'est plus raisonnable que cette soumission aveugle & volontaire qui nous fait acquiescer à toutes les veritez qui sont revelées dans l'Ecriture, quoi que les Mysteres qu'elle nous propose de croire nous paroissent incomprehensibles. Car comme nous avons remarqué que toutes les connoissances & toutes les pensées de l'esprit humain sont liées, pour ainsi dire, aux flexions des fibres du cerveau, & que l'unique raison que l'on peut alleguer d'une union si incomprehensible c'est la volonté toute-puissante de l'Auteur de la nature qui a ordonné qu'à mesure qu'il se feroit tels & tels mouvemens dans le cerveau l'esprit eût telles & telles pensées, sans qu'il nous soit possible de dire ni pourquoi cela se fait ainsi, ni de quelle maniere cela se fait: Nous, dis-je, qui avons remarqué que c'est là la baze & le fondement de nos connoissances les plus claires & les plus évidentes, nous devons necessairement conclure que les lumieres de la foy sont infiniment plus sûres que les clartez les plus vives de la raison; puisque si nous voulons approfondir quelle est la certitude de ces veritez claires & évidentes par elles-mêmes, que nous regardons comme des principes infaillibles, nous trouverons qu'elle n'est fondée que sur la vive impression qu'elles font dans notre esprit, & sur le peu d'apparence qu'il y a que

Dieu ait voulu nous tromper dans les choses qu'il nous fait appercevoir d'une maniere si vive & si sensible : au lieu que c'est la verité même qui nous parle, & qui nous instruit dans ses écritures. Ainsi que la raison se soumette, lors que Dieu nous fait entendre sa voix : attachons-nous à ce qui est écrit, gardons nous bien de parler des choses de Dieu en suivant les pensées humaines, & n'ayons pas la temerité d'assujettir à l'intelligence de l'esprit humain la profondeur incomprehensible des mysteres de la Foy.

3. Comme nous avons remarqué que nos raisonnemens ne sont fondez que sur les prejugez dont notre esprit est rempli, qu'un grand nombre de ces prejugez sont faux ou douteux, & qu'il nous arrive souvent de tirer des fausses consequences même de ceux qui sont veritables ; nous devons être convaincus de la foi-

blesse de notre raison, & par consequent lors qu'il s'agit de déterminer le veritable sens de la revelation divine, ce n'est pas par nos caprices, nos passions, les prejugez de la naissance ni par nos foibles lumieres que nous en devons juger ; mais par les lumieres de la foy & par les décisions de l'Eglise : puisque notre propre experience nous apprend que la raison s'égare facilement, & que la raison même nous dicte qu'il est impossible que l'Eglise nous induise en erreur, puisqu'elle ne croit aujourd'hui que ce qu'elle a toûjours crû, & qu'il est écrit qu'elle est la colomne de la verité, & que les portes de l'enfer ne prevaudront point contre elle.

4°. Comme nous avons remarqué que la verité de nos raisonnemens dépend & de la verité des prejugez qui sont gravez dans notre esprit, & de la liaison naturelle qui est entre eux ; il est visible que ſi nos prejugez ſont faux, ou s'ils ſont bizarrement unis enſemble, il eſt abſolument neceſſaire que nous nous égarions dans nos raiſonnemens : & par conſequent pour marcher ſeurement dans la recherche de la verité, il faut connoître 1°. ſur quoy nos prejugez ſont fondez, & quels ſont ceux qui ſont certains, quels ſont faux, & quels ſont douteux & probables. Il faut conſiderer 2°. les diverſes ſources de la liaiſon de nos prejugez, & les diverſes cauſes qui ont accoûtumé de nous engager dans leur erreur.

C'eſt ſur les reflexions qu'on doit faire ſur cette matiere, qu'on peut établir des regles par leſquelles nous nous conduiſons ſûrement dans la recherche de la verité, ou du moins par leſquelles (ſi l'infirmité, & la foibleſſe de l'eſprit humain ne nous permet pas de raiſonner & de conclure toûjours avec certitude) nous puiſſions connoître le juſte prix des raiſons qui nous déterminent, & regler notre conſentement ſur le poids & la force des raiſons que nous avons trouvées.

C'eſt ce que nous tâcherons de faire dans un autre traité que nous intitulerons : *Methode pour trouver la verité, & pour la perſuader aux autres*, & qu'on peut regarder comme la ſuite de celui-ci ; puiſque les regles que nous devons y propoſer ne ſeront que des obſervations & des conſequences que nous tirerons des principes que nous avons établis dans ce Livre.

Cet ouvrage, comme il paroît par le titre, ſera diviſé en deux parties : La premiere ſera compoſée de diverſes obſervations ſur nos idées, nos jugemens, nos prejugez, & nos raiſonnemens. L'on obſervera la difference de la certitude qui ſe trouve dans les uns & dans les autres. L'on découvrira les diverſes cauſes qui nous induisent en l'erreur, l'on fera voir comment notre esprit s'y laisse entraîner, & l'on donnera des regles pour les éviter.

Dans la 2. l'on fera diverses reflexions sur les expressions dont les hommes se servent pour se découvrir mutuellement leurs pensées ; l'on remarquera les équivoques dans lesquelles la diversité des idées des hommes, la disette des langues & l'envie d'abreger nos pensées nous font tomber dans tous nos discours : l'on étendra les divers principes que l'on a proposé dans la persuasion, & l'on recherchera en quoi consiste la force & l'agrément du discours, & par quels endroits des pensées vives & solides & des expressions nobles & naturelles, plaisent & persuadent. L'utilité de ces recherches paroît d'elle-même : car il est visible que lors qu'on n'a point de regle pour distinguer la verité de l'erreur, ni de point fixe & immobile pour appuyer ses raisonnemens, on est toujours incertain toûjours chancelant, & que l'on ne peut jamais se fixer.

Mais comme l'on tombe de précipice en précipice & d'égarement en égarement lors qu'on suit des regles fantastiques, & qu'on établit ses raisonnemens sur des suppositions imaginaires, il est visible que nous ne pouvons user de trop de circonspection dans l'établissement des regles que nous devons proposer. Ainsi comme elles seront fondées sur les principes qu'on pretend avoir démontré dans le corps de cet ouvrage, il est necessaire que le public qui en doit être le juge soit persuadé de la verité de notre systeme, qu'il convienne que les diverses pieces qui le composent sont faites l'une pour l'autre, que les preuves que nous avons employées sont solides, qu'elles se soutiennent mutuellement, qu'elles se confirment les unes par les autres, & qu'elles s'accordent parfaitement avec les observations. C'est par cette raison qu'on a jugé à propos d'attendre son jugement sur lequel on tâchera de se regler pour corriger ce qui est defectueux, éclaircir ce qui est obscur, étendre ce qui est proposé d'une maniere trop reserrée, & retrancher ce qui est superflu dans le corps de cet ouvrage qui doit être, comme j'ai dit, le fondement, & la baze de celui que nous devons entreprendre.

FIN.

JAY lû par ordre de Monseigneur le Chancelier le Traité intitulé, *Principes physiques de la raison & des passions*, & je n'y ai rien trouvé qui en doive empêcher l'impression. Fait à Paris ce 19 Aoust mil sept cent huit. Signé
FONTENELLE.

PRIVILEGE DU ROI.

LOUIS, par la grace de Dieu, Roy de France & de Navarre à nos amez & feaux Conseillers, les Gens tenans nos Cours de Parlement, Maîtres des Requêtes ordinaires de notre Hôtel, Grand-Conseil, Prevôt de Paris, Baillifs, Senéchaux, leurs Lieutenans civils, & autres nos Justiciers qu'il appartiendra : Salut, Barthelemy Girin Libraire à Paris, Nous ayant fait supplier de lui accorder nos Lettres de permission pour l'impression d'un Livre intitulé : *Principes physiques de la raison & des passions des hommes*. Nous avons permis & permettons par ces presentes audit Girin de faire imprimer ledit Livre en telle forme, marge, caractere & autant de fois que bon lui semblera, & de le vendre, faire vendre, & debiter par tout notre Royaume pendant le temps de trois années consecutives à compter du jour de la date desdites presentes. Faisons défenses à tous Imprimeurs, Libraires, & autres personnes de quelque qualité qu'elles soient, d'en introduire d'impression étrangere dans aucun lieu de notre obéïssance, à la charge que ces presentes seront enregistrées tout au long sur le registre de la Communauté des Imprimeurs Libraires de Paris, & ce dans trois mois de la date d'icelle; que l'impression dudit Livre sera faite dans notre Royaume & non ailleurs en bon papier & en beaux caracteres conformement aux reglemens de la Librairie, & qu'avant de l'exposer en vente il en sera mis deux exemplaires dans notre Biblioteque publique, un dans celle de notre Château du Louvre, & un dans celle de notre tres-cher & feal Chevalier, Chancelier de France le sieur Phelippeaux, Comte de Ponchartrain,

Commandeur de nos ordres, à peine de nullité des preſentes, du contenu deſquelles vous mandons & enjoignons de faire joüir l'Expoſant ou ſes ayans cauſe pleinement & paiſiblement ſans ſouffrir qu'il leur ſoit fait aucun trouble ou empêchement. Voulons qu'à la copie deſdites preſentes qui ſera imprimée au commencement ou à la fin dudit Livre foy ſoit ajoûtée comme à l'original. Commandons au premier notre Huiſſier ou Sergent de faire pour l'execution d'icelle tous actes requis & neceſſaires ſans autre permiſſion, & nonobſtant clameur de Haro, Charte Normande, & Lettres à ce contraires; car tel eſt notre plaiſir. Donné à Verſailles le 9. Septembre l'an de grace 1708. & de notre Regne le ſoixante ſixiéme, Par le Roy en ſon Conſeil. Signé

LE COMTE.

Regiſtré ſur le Regiſtre de la Communauté des Libraires & Imprimeurs de Paris page 3[illegible] No. 6[illegible] conformément aux reglemens, & notamment à l'Arreſt du Conſeil du 13. Aouſt 1703. A Paris ce 12. Septembre 1708. Signé,

L. SEVESTRE Syndic

www.ingramcontent.com/pod-product-compliance
Ingram Content Group UK Ltd.
Pitfield, Milton Keynes, MK11 3LW, UK
UKHW012211240726
13966UKWH00002B/695

9 782011 931016